Eugen Moeller

Ein Beitrag zur Symptomatologie der Heerderkrankungen

der Schläfenlappen

Eugen Moeller

Ein Beitrag zur Symptomatologie der Heerderkrankungen der Schläfenlappen

ISBN/EAN: 9783744643337

Printed in Europe, USA, Canada, Australia, Japan

Cover: Foto ©berggeist007 / pixelio.de

More available books at **www.hansebooks.com**

Aus der psychiatrischen Klinik zu Jena.

———

Ein Beitrag zur Symptomatologie der Heerderkrankungen der Schläfenlappen.

———

Inaugural-Dissertation

der medicinischen Facultät zu Jena

zur

Erlangung der Doctorwürde

in der

Medicin, Chirurgie und Geburtshilfe

vorgelegt

von

Eugen Moeller
aus Rudolstadt.

Jena 1890.

Druck von G. Neuenhahn.

Genehmigt von der medicinischen Fakultät auf Antrag des Herrn Herrn Professor Dr. Binswanger.

Jena, den 21. Januar 1890.

Prof. Dr. Riedel,
d. Z. Decan.

Unsere Kenntniss von den Funktionen der Schläfenlappen ist, wie Wernicke hervorhebt, noch sehr jungen Datums. In der Lehre von der Lokalisation der Centren auf der Grosshirnrinde, wie sie nach Beseitigung der hauptsächlich von Flourens vertretenen Anschauung von der funktionellen Gleichwerthigkeit aller Theile derselben, durch Fritsch und Hitzig begründet, von Munk, Ferrier, Luciani und Andern weiter ausgebaut worden ist, muss zur Stunde noch als eines der dunkelsten Gebiete die Region der Temporalwindungen bezeichnet werden, wie denn überhaupt die Bestrebungen, die verschiedenen Felder der Grosshirnrinde auf ihren funktionellen Charakter zu prüfen, sehr ungleiche Erfolge erzielt haben. Besonders gilt dies von den Beobachtungen, soweit sie sich auf die klinische und pathologischanatomische Untersuchung stützen. Während letztere die von den oben genannten Forschern durch ihre an Thieren ausgeführten Experimente gewonnenen Resultate bezüglich anderer Regionen der Hirnrinde, wie der Central- und Occipitalwindungen, schon längst durch eine grosse Anzahl von Beobachtungen bestätigt hat, finden wir hinsichtlich der den Temporalwindungen zugeschriebenen Verrichtungeu noch soviel unsichere, sich zum Theil sogar direkt widersprechende Angaben, dass von einem wirklich befriedigenden Abschluss für dieses Gebiet der Lokalisationslehre noch nicht gut gesprochen werden kann. Es liegt auf der Hand, dass ein solcher überhaupt nur auf Grund eines möglichst reichhaltigen casuistischen Materials herbeigeführt werden kann, und es muss deshalb eine jede Veröffentlichung von den bei

Schläfenlappenlaesionen beobachteten Funktionsstörungen als
ein willkommener Beitrag zur Erledigung dieser immer noch
schwebenden Frage bezeichnet werden.

In der psychiatrischen Klinik des Herrn Prof. Dr. Binswanger hatte ich im Winter 1888 Gelegenheit, einen da-
selbst am 24. Nov. eingelieferten Kranken beobachten zu
können, der neben der Psychose, die den Anlass zu seiner
Ueberführung in die Anstalt gegeben hatte, einen Symptomen-
complex darbot, der alsbald die Diagnose auf ein organisches
Hirnleiden und zwar einen Tumor nahelegte. Von einer
genauen Lokaldiagnose musste Abstand genommen werden,
da die zur Beobachtung gelangten Symptome einerseits sehr
wechselnd, andrerseits so wenig ausgesprochen waren, dass
ein bestimmter Schluss auf den Sitz der Neubildung hieraus
nicht gezogen werden konnte; immerhin aber es lag nahe,
denselben in der linken Insel oder deren nächster Umgebung
zu vermuthen, eine Annahme, die durch die am 29. Dez.
vorgenommene Obduktion bestätigt wurde. Es handelte sich
thatsächlich um eine Neubildung im linken Schläfenlappen,
die auf die Insel drückte.

Der genauere Verlauf des Falles selbst war folgender:
Der 48jährige Tischlermeister K. aus Apolda gab selbst
an, dass er seit ungefähr einem Jahre den linken Arm nicht
mehr recht habe brauchen können, dabei seien häufig neu-
ralgische Schmerzen im linken Ellenbogengelenk aufgetreten.
Seit sechs Wochen käme er mit dem Kopf nicht mehr zurecht;
die ganze linke Kopf-, Hals- nnd Nackenhälfte schmerze ihn,
ein Frost ziehe ihm oft aus den Beinen herauf in den Körper.
Seiner Umgebung war seit einigen Monaten aufgefallen, dass
Pat. gegen früher ganz verändertes psychisches Verhalten
zeigte, er war sehr zerstreut, viel in ängstlicher und weiner-
licher Stimmung, verrichtete seine Arbeit ganz verkehrt und
unternahm allerlei zwecklose und unnütze Handlungen. Nebenbei versprach er sich oft und fand die richtigen Worte nicht,
wenn er einen Gedanken äussern wollte. Aus der Anamnese

war noch ersichtlich, dass Pat. hereditär belastet, ein Bruder von ihm chronisch geisteskrank war. Sieben von den dreizehn Kindern des Kranken waren frühzeitig an Krämpfen gestorben. Kindernervenkrankheiten hatte er nicht durchzumachen gehabt, Lues und Potus leugnete er energisch, dagegen liess sich feststellen, dass er bei seiner Tischlerei oft mit Bleiweiss und Ockerfarben zu thun gehabt hatte. Der am 26. Dezember aufgenommene Status praesens zeigte folgenden Befund: Pat. war ein mittelgrosser, mässig kräftig gebauter Mann von geringem Panniculus. Haar blond, zum Theil ergraut; Iris graublau. Aeussere Ohren klein, Ohrläppchen frei; Schädel und Gaumen normal gebildet. Zunge weiss belegt, Gesicht und Conjunctiva bleich. letztere leicht icterisch, am Zahnfleisch leichter Bleisaum. Herz und Lungen intact, Leberdämpfung nicht vergrössert. Arterien etwas geschlängelt; Puls langsam, leicht unterdrückbar. Genitalien ohne Narbe; Urin eiweissfrei. Umfang des Vorderarmes 10 cm über dem proc. styloideus gemessen: rechts 18,5, links 18,5 cm.

Pupillen gleich, mittelweit, alle Reactionen prompt. Augenbewegungen frei, beiderseits leichte secundäre Innendeviation. Stirn- und Augenfacialis ohne Asymmetrie, rechter Mundfacialis dagegen in Ruhestellung und bei activer Innervation leicht paretisch. Uvula geradestehend, Zunge gerade, ruhig vorgestreckt. Der Händedruck war beiderseits sehr schwach, rechts aber noch etwas stärker als links. Die elektrische Errregbarkeit der rechtsseitigen Arm- und Facialismuskulatur erwies sich als normal. Die motorische Kraft der Beine herabgesetzt. Die Sehnenreflexe verhielten sich insgesammt normal, die epigastrischen und Cremasterreflexe waren schwach. Die Gesichtsnervenaustritte waren links und rechts hochgradig druckempfindlich, links aber mehr, sonst fehlten Druckpunkte. Die Sensibilität war am ganzen Körper intact, ebenso zeigten sich die Lagevorstellungen der Hände, die nach der Hoffmann'schen Probe untersucht wurden, erhalten. Die Tastvorstellungen erwiesen sich desgl. als intact, Druckdifferenzen wurden rechts und links prompt erkannt. Die craniotympanale Leitung war erhalten, das Gehör für Uhrticken war rechts und links gleich. Auffallen musste gleich bei der ersten Untersuchung die Sprachstörung, die Pat. an den Tag legte. Es handelte sich um eine Paraphasie leichten Grades, die in der Folge bald stärker hervortrat. So äusserte er z. B., als er den Namen eines Mitkranken nennen sollte: „da muss ich mich erst erfüllen" statt „erinnern". Beim Sprechen zeigte er ausserdem Affekttremulieren der Stimme, schwere Worte sprach er erst nach längerem Vorsprechen richtig nach, zuweilen kamen auch Silbenversetzungen vor. Von sensorischer Aphasie war dagegen nicht die Spur vorhanden. Beim Lesen entstellte er die Worte öfter in der Rieger-Rabbas'schen Weise, bemerkte aber dazu, seine Augen seien sehr schwach, erkannte auch nach längeren Umwenden des Blattes das Geschriebene richtig. Als er selbst schreiben sollte, stockte er namentlich bei den Anfangsbuchstaben, verschrieb sich dabei auch einige Male, z. B. erst A statt U, als er Uhr schreiben wollte, es war also leichte Paragraphie vorhanden. Im Uebrigen liess sich noch konstatiren, dass bereits ein ziemlicher Gedächtnisdefekt sich entwickelt hatte. Pat. konnte leichte Rechenaufgaben nicht lösen, wusste sich Abends nicht zu erinnern, was er zu Mittag gegessen hatte, wusste auch nach längerem Aufenthalt noch von keinem einzigen seiner Mitkranken den Namen anzugeben. Das psychische Verhalten war im Uebrigen sehr wechselnd, bald war dasselbe äusserlich ganz correct, bald zeigte Pat. sich ängstlich und weinerlich, äusserte alle möglichen unzusammenhängenden Wünsche. Dabei klagte er beständig über Uebelkeit, Appetitlosigkeit, Kältegefühl in den Füssen, nach oben ziehend, und heftigen linksseitigen Kopfschmerz.

In der Krankengeschichte ist dann noch weiter vermerkt:

Am 1. XII. war Pat. wieder wohler, es zeigte sich zum ersten Mal eine leichte Pupillendifferenz, die rechte Pupille war etwas weiter, ausserdem war das rechte Ohr röther als das linke.

Am 3. XII. war Pat. sehr verwirrt, verlangte auf die Polizei „wegen seiner Beine", bat bald um Schnaps, bald um Wasser und Zigarren, fand seine Kleider nicht, obgleich sie dicht vor ihm lagen.

Am 4. XII. war er in der Augenklinik untersucht worden, weigerte sich wieder in die Anstalt zurückzukehren und bekam schliesslich einen solchen Erregungszustand, dass er im Wagen abgeholt werden musste. Bei der Untersuchung hatte sich links deutliche, rechts angedeutete Stauungspapille gefunden.

Am 5. XII. war die Pupillendifferenz eine ausgesprochene, die rechte Pupille bedeutend weiter.

Am 23. XII. fiel es ihm schwer, die Zunge zum rechten Mundwinkel herauszustrecken.

Am 26. XII. äusserte Pat. leichte Verfolgungsideen, er sei in Apolda angeklagt und schlecht gemacht worden.

Am 27. XII. ergab die vorgenommene dynamometrische Messung des Händedrucks eine Parese des rechten Armes; links drückte Pat. 88, rechts nur 66. Das Verhalten wurde jetzt mehr und mehr ein sommolentes, Pat. schlief am Tage viel, taumelte wie schlaftrunken umher, schwankte stark nach vornüber, fiel Nachts zweimal aus dem Bett. Zuweilen schien es jetzt, als ob er den Sinn der an ihn gerichteten Fragen nur schwer verstehen könne.

Eine Gesichtsfeldaufnahme ergab keine groben Einengungen desselben, ebenso waren Geruch und Geschmacksstörungen nicht nachweisbar. Eine erneute Untersuchung des Gehörs liess ebenfalls keine Aenderung gegen früher bemerken.

Am 28. XII. trat plötzlicher Tod in einem epileptiformen Anfall ein. Der hinzugerufene Arzt fand den Kranken im tiefen Coma, stertorös athmend, Kopf und Bulbi nach rechts gedreht, mit krampfhaften coordinirten Bewegungen im rechten Arm, der Tod erfolgte durch Respirationslähmung. Die idiomusculäre Erregbarkeit war nach 17 Minuten p. m. stark gesteigert.

Sectionsbefund.

Schon bei der äusseren Besichtigung zeigte sich die Spitze des linken Temporallappens der Dura fester anhaftend als normal. Windungen beider Hemisphären nach vorn zunehmend abgeplattet. Der linke Schläfenlappen im Bereiche des vorderen Dritttheils der drei oberen Windungen voluminöser, als der rechte, die Windungen ungleichförmig ausgeglichen, die I. am vorderen Ende derber anzufühlen, gelblich-grau, die II. und III. weicher als normal, die überziehende Pia über den Flächen blass citronengelb; die obere linke Temporalwindung bis zum hinteren Ende verbreitert, ihre Oberfläche leicht gelblich, fast fluctuirend, Insel- und Klappdeckelwindungen waren unverfärbt, die letzteren jedoch entsprechend der Zunahme der Temporalwindungen concav. IV. Ventrikel mittelweit, Ependym glatt.

Im verlängerten Mark Pyramidenbahnen deutlich blassgrau längs gestreift. Rechte Hemisphäre keine Abnormitäten zeigend, Centrum semiovale überall feucht glänzend. Links war das Centrum semiovale oberhalb des Ammonshorns weithin blass citronengelb verfärbt, viel weicher als normal. Gefässdurchschnitte weit, zum Theil mit festen Gerinseln angefüllt. Die Spitze des Schläfenlappens war namentlich im Bereiche der oberen Temporalwindung von einem annähernd kugligen, 45 mm im Durchmesser haltenden, gelblich-grauen Tumor von ungleicher, theils weicher, theils fester, hier und da fast fluctuirender Consistenz eingenommen. Von der anliegenden weissen, zum Theil gelblich erweichten Substanz sonderte sich der Tumor durch derbere, mehrere Millimeter dicke blass-graue Zonen.

Bei der mikroskopischen Untersuchung der Geschwulst stellte sich dieselbe als ein aus Rund- und Spindelzellen zusammengesetztes Sarkom heraus. Massenhafte Rundzellen, zahlreiche Körnchenzellen mit zum Theil frei gewordenen Fettkörnchen machten den Hauptbestandtheil der Neubildung aus; ausser ihnen fanden sich von rothen Blutkörperchen strotzende Gefässe, aber nur einige wenige intacte Nervenfasern, zum Theil vollgepfropft mit kleinen Fettkörnchen.

Um den Grad und die Ausdehnung der makroskopisch an der gelben Farbe kenntlichen Erweichung der umliegenden Gewebe genauer zu bestimmen, wurden aus der nächsten Umgebung des Tumors sowohl, wie aus entfernter liegenden Gebieten des Schläfenlappens entnommene Theile einer eingehenden Untersuchung unterworfen.

In der oberen Schläfenwindung zeigte auch in den hinteren Theilen derselben die Rinde diffuse Kernvermehrung, geringe Infiltration der perivasculären Lymphräume, sehr spärliche Spinnenzellen und anscheinend normale Ganglienzellen. Im Marklager ganz diffuse Vermehrung der Kerne bis auf das Doppelte der gewöhnlichen Menge, die Markfaserung selbst zeigte sich aber überall, selbst bis in die nächste Umgebung des Tumors noch fast vollständig erhalten. Der Befund der Präparate aus den übrigen Theilen des Schläfenlappens zeigte nichts wesentlich abweichendes, überall war der Erweichungsprozess nicht zu verkennen, die Zellen der Rinde aber sowohl, wie die Faserung des Stabkranzes im Grossen und Ganzen unversehrt. —

Der vorliegende Fall muss als ein sehr bemerkenswerther Beitrag zur Symptomatologie der Schläfenlappenläsionen bezeichnet werden, um so bemerkenswerther, als es sich um eine lediglich auf das Gebiet des linken Temporallappens beschränkte Affektion handelt. Bevor ich zu einer eingehen-

den Besprechung des Falles übergehe, halte ich es für an-
gezeigt, den Versuch zu einer Zusammenstellung alles dessen
zu machen, was bis jetzt über die bei Schläfenlappenläsionen
zu Tage getretenen Funktionsstörungen bekannt geworden
ist, und damit zugleich seinen Ueberblick über die Entwicke-
lung dieses Theils der Lokalisationslehre zu geben.

Der erste, der mit einer bestimmten Ansicht über die
wahrscheinlich dem Schläfenlappen zukommenden Funktionen
hervortrat, war Wernicke. Aus mehreren im Jahre 1874
von ihm veröffentlichten Beobachtungen ging hervor, dass
die Zerstörung gewisser Partien zunächst des linken Schläfenlappens beim Menschen von einer eigenthümlichen Störung
des Gehörvermögens und der Sprache gefolgt war, darin
bestehend, dass das Gehör an und für sich erhalten, Worte
auch noch gehört, aber nicht mehr verstanden wurden, dass
mithin die Fähigkeit, den Sinn derselben zu erfassen, das
Wortverständniss abhanden gekommen war. „Ein Kranker
„dieser Art machte, da er erhaltene Aufträge falsch aus-
„führte und verkehrte Antworten gab, den Eindruck eines
„Tauben oder geistig verwirrten." Als die Stelle, deren
Zerstörung dieses eigenthümliche Symptomenbild zur Folge
haben sollte, bezeichnete Wernicke genauer die erste linke
Schläfenwindung und gab dem Ersteren, indem er die auf
dem Verlust des Wortverständnisses beruhende Sprachstörung zugleich damit kennzeichnete, den Namen der sensorischen Aphasie.

Die Behauptung Wernicke's wurde in der Folge zunächst von Kahler und Pick[1]), später auch von Luciani
und Tamburini, Nothnagel u. A. bestätigt.

Damit war schon ein Anhaltspunkt dafür gegeben, dass
zwischen dem Gehörsvermögen und der Rinde des Schläfenlappens gewisse Beziehungen bestehen mussten. Die nächsten
in dieses Gebiet einschlagenden Beobachtungen rühren von

[1] Jahrbücher für Psychiatrie.

Ferrier her. Der genannte Forscher wollte nach Zerstörung der oberen Schläfenwindung bei Hunden Gehörsstörungen beobachtet haben und wurde dadurch bewogen, in die genannte Windung das Centrum für die Acusticusbahn zu verlegen. Ausserdem wollte er in dem unteren Theile der Spitze des Schläfenlappens das Geruchscentrum gefunden haben, wozu ihn die Bemerkung bewog, dass bei Thieren, die ein gutes Geruchsvermögen hatten, diese Gegend des Schläfenlappens stärker entwickelt erschien, als bei andern, denen eine besondere Schärfe des Geruchs abging. Seine Angaben, wiewohl in der Folge vielfach als ungenau erkannt und bestritten, sollten doch gerade in diesem Punkte von ihrem Hauptgegner Munk eine gewisse Bestätigung erfahren. Die Versuche des Letzteren sind nun als die eigentlich bahnbrechenden für die Kenntniss der Obliegenheiten der Schläfenlappen zu bezeichnen. Er war der erste, der es nicht nur mit Bestimmtheit aussprach, dass der ganze Schläfenlappen als der Sitz des Gehörcentrums anzusehen sei, sondern auch durch eine Reihe von Beobachtungen diese Behauptung begründete. Dieselben seien, obwohl sie als bekannt vorausgesetzt werden müssen, dennoch kurz hier angeführt. Nach Zerstörung des Temporallappens der einen Seite liess sich Munk zu Folge bei einer Reihe von Versuchsthieren mit grosser Regelmässigkeit eine Herabsetzung des Gehörs, bis zur Taubheit gehend, und zwar ausschliesslich auf dem Ohre der gekreuzten Seite constatiren, bei der vollständig ausgeführten Entrindung beider Schläfenlappen aber gelang es ihm, völligen Verlust des Gehörs auf beiden Ohren zu erzielen. Munk nannte diese Taubheit die Rindentaubheit, zum Unterschied von einer andern von ihm beobachteten, der Wernicke'schen Entdeckung analogen, Erscheinung, die auf einen Verlust des Verständnisses für das Gehörte bei sonst intactem Gehör beruhte, und die er Seelentaubheit nannte. Letztere trat nur ein bei Zerstörung einer von ihm näher bezeichneten, ungefähr der hinteren

Hälfte der II. und III. Temporalwindung beim Menschen entsprechenden Stelle. Was die Beziehungen des Schläfenlappens sum Geruchsvermögen betrifft, so war es auch hier Munk, den wir den ersten beachtenswerthen Fingerzeig zu danken haben. Bekannt ist seine Beobachtung an einem Hunde, der vollständige Anosmie zeigte, und bei dem sich beiderseits der Gyrus hippocampi in eine Cyste verwandelt vorfand. In der Folge sind die Beobachtungen Munk's hauptsächlich von Luciani und Sepilli zum Ausgangspunkt längerer Erörterungen gemacht worden. Die genannten Forscher gelangten auf Grund einer Reihe eigener Versuche su dem Resultat, dass das Gebiet des Schläfenlappens als entschieden zu dem Gehörsvermögen in den engsten Beziehungen stehend angesehen werden müsste, nur sehen sie in demselben nicht das ausschliessliche Gehörscentrum, sondern nur einen integrirenden Bestandtheil desselben und neigen der Ansicht zu, dass das letztere sich noch ziemlich weit über den Schläfenlappen hinaus erstrecke. Die Gehörsstörungen, welche von ihnen beobachtet wurden, waren nun aber, auch nach einseitiger Abtragung der Hörsphäre stets bilaterale, allerdings auf dem gekreuzten Ohre von grösserer Intensität auftretend, ein Umstand, der sie zu der Annahme führte, dass für den Acusticus ein ähnliches Verhältniss einer nur partiellen Faserkreuzung bestehen müsse, wie es für den Opticus schon längst feststeht. Stehen beide hierin im entschiedenen Gegensatze zu Munk, der ausdrücklich nur von Störungen auf dem entgegengesetzten Ohre spricht und nach Zerstörung einer Hörsphäre mit darauffolgender Zerstörung des Labyrinths der andern Seite absolute Taubheit eintreten sah, so begegnen sich doch andrerseits ihre Ansichten mit denen Munk's insofern, als sie die Beziehungen zwischen Acusticus und Cortex des Schläfenlappens, sowie auch die zwischen Gyrus hippocampi und Geruchscentrum für sehr wahrscheinlich annehmen.

Auch sie entscheiden sich für einen Zusammenhang zwischen Riechnerv und Gyrus hippocampi.

Ferrier sah bei elektrischer Reizung der Rinde der oberen Temporalwindung beim Hund und Affen Spitzen des Ohres der entgegengesetzten Seite, verbunden mit weitem Oeffnen der Augen, Dilatation der Pupillen, Drehung des Kopfes und der Augen nach der entgegengesetzten Seite und schloss hieraus, dass das Thier bei der elektrischen Reizung der betreffenden Rindenpartieen eine subjektive Gehörsempfindung auf dem Ohr der gekreuzten Seite gehabt haben müsse. Wie aus Vorstehendem ersichtlich, bieten die Beobachtungen von Munk, Ferrier und Luciani-Sepilli zwar Vieles in wesentlichen Punkten von einander abweichendes, stimmen aber doch in der Hauptsache, nämlich in der Lehre von der Lokalisation der Hörsphäre im Schläfenlappen mit einander überein.

Ihnen gegenüber stehen die neueren Angaben zweier englischer Forscher, die im Uebrigen bezüglich der Lokalisation zu übereinstimmenden Resultaten mit Munk gelangten. Es handelt sich um die Beobachtungen von Browne und Schaefer[1]). Um die Angaben von Ferrier und Munk über das Hörcentrum zu prüfen, zerstörte Schaefer bei sechs Affen beiderseits die obere Schläfenwindung mehr oder minder vollständig; in einem von diesen Fällen hatte er den ganzen Gyrus herausgehoben, in einem andern ausserdem noch den ganzen Rest des Schläfenlappens entfernt. In keinem Falle erlitten die Thiere eine Einbusse an ihrer Hörfähigkeit, dagegen befanden die beiden letztgenannten sich eine Zeit lang in einem gleichwohl vorübergehenden Zustande von Stupor und Demenz. Schaefer zieht hieraus den Schluss, dass das Hörcentrum nicht nur nicht in der obern Schläfenwindung, wie Ferrier will, sondern überhaupt

---

1) Philos. Transact. 1888 of the Royal. Societ. Proc. of London 1888.
Roy. Soc. Proc. 43. Phil. Trans. 1888. Brain 1888.

nicht im Schläfenlappen gelegen sein könne. Browne und
Schaefer[1]) unternahmen ferner Totalexstirpationen der
Schläfenlappen. Partielle Exstirpationen, wenn die Spitze
der Schläfenwindung entfernt wurde, ergaben gar kein posi-
tives Resultat, weder ging der Geruch noch der Geschmack
verloren, noch erlitt das Gehör eine Einbusse. Auch bei
totaler Exstirpation erlitten diese Sinne keine Herabsetzung,
es trat nur eine hochgradige Demenz ein.

Diese bezüglich der Schläfenlappen von denen Munk's so
abweichenden Ergebnisse der beiden letztgenannten Forscher
müssen umsomehr auffallen, als dieselben bei ihren zur
Feststelluug der Lokalisation der Rindencentra unternomme-
nen Versuchen im Grossen und Ganzen zu den gleichen
Resultaten gelangt sind.

Von anderer Seite hat neuerdings die Lehre Munk's
wieder entschiedene Bestätigung erfahren. Zwei von Ziehen
teils einseitig, teils doppelseitig am Schläfenlappen operirte,
in der naturwissenschaftlichen Gesellschaft za Jena vorge-
stellte Hunde, die es gelang am Leben zu erhalten, zeigten,
wie der Verfasser zu wiederholten Malen sich zu überzeugen
selbst Gelegenheit hatte, eine so offenkundige Gehörsstörung,
dass dieselbe schon nach einer kurzen Beobachtung bemerkt
werden musste. Der doppelseitig operirte Hund war nahezu vollkommen taub, der einseitig operirte zeigte eine
schwere Herabsetzung des Gehörs auf beiden Ohren, stärker
auf dem der gekreuzten Seite. Diese Versuche machen es
also wahrscheinlich, dass die Beziehungen des Acusticus
zum Cortex doppelseitige sind.

Aus den verschiedenen angeführten Beobachtungen geht
hervor, dass so sehr man auch geneigt sein möchte, sich
der Lehre Munk's anzuschliessen, doch von einer auf ex-
perimentellem Wege erzielten Uebereinstimmung noch nicht
gesprochen werden kann. Entscheidend kann hier nur die

---

1) Philos. Transact 1888 of the Royal Societ. Proc. of London 1888.

klinische und pathologisch-anatomische Beobachtung sein,
und die Frage nach der Lokalisation des ·Schläfenlappens
für den Menschen darf erst dann als beantwortet angesehen
werden, wenn es gelungen ist, eine Reihe völlig einwand-
freier, durch sorgfältige klinische Beobachtung veranschau-
lichter Fälle zusammenzustellen, in denen bei bestehender
Taubheit jede Möglichkeit einer andersartigen Deutung derselben als einer corticalen als ausgeschlossen zu betrachten
ist. Dieses erstrebenswerthe Resultat darf gegenwärtig nur
in Bezug auf ein einziges der Heerdsymptome des Schläfenlappens als wirklich erreicht bezeichnet werden. Die zahl-
reichen von den verschiedensten Seiten in dieser Beziehung
angestellten Beobachtungen haben es als etwas unumstöss-
lich feststehendes ergeben, dass ein Zusammenhang zwischen
der Worttaubheit und einer Erkrankung der linken oberen
Schläfenwindung besteht.

Wohl die erschöpfendste Zusammenstellung von solchen
Fällen finden wir bei Luciani und Sepilli[1]). An der
Hand einer umfangreichen Casuistik, theils auf eigner Beobachtung beruhend, theils diejenigen Andrer wiedergebend,
weisen die genannten Forscher zur Evidenz nach, dass die
Frage nach dem anatomischen Sitze der Worttaubheit nur
dahin beantwortet werden kann, dass die erste linke Temporalwindung als derselbe anzusehen ist. Im Ganzen werden
20 Fälle von ihnen angeführt, wo Worttaubheit zur Beobachtung gelangte. Was die Lokalisation des Krankheitspro-
zesses in diesen Fällen anbetrifft, so ergiebt sich aus dem
am Schlusse ihrer Ausführungen enthaltenen Resumé, dass
in 14 von den 20 Fällen der linke Schläfenlappen und zwar
regelmässig mit Einschluss der oberen Windung von dem
Heerde befallen war. In den Fällen, wo sich dieser nicht
nur auf die Temporalregion beschränkte, sondern auch auf
andere Gebiete der Hirnrinde übergegriffen hatte, fand sich

---

1) Functions-Localisation auf der Grosshirnrinde.

in seiner grösseren Ausdehnung auch der Grund für die vorhandenen Complikationen. Bei gleichzeitig vorhandener Paraphasie war die Insel, bei motorischen Störungen die Centralwindungen, bei Sehstörungen das Oecipitalhirn afficirt. Niemals war aber der rechte Schläfenlappen allein ergriffen.

Am glänzendsten zeigt sich die Wernicke'sche Ansicht bestätigt in denjenigen von diesen Fällen, wo die Worttaubheit das einzige Krankheitssymptom bildete, und dem letzteren nichts als eine auf T_1 und T_2 beschränkte Laesion entsprach. Ausser von Luciani und Sepilli liegen noch zahlreiche weitere Beobachtungen vor, die wir Bennet, Laquer [1]), Glym u. A. verdanken, durch welche ebenfalls eine Bestätigung für die Annahme der Lokalisation des sensorischen Sprachcentrums in der obern Temporalwindung beigebracht wird.

Dem gegenüber veröffentlichte Westphal [2]) einen Fall, der alle bisherigen Beobachtungen über den Zusammenhang zwischen der sensorischen Aphasie und der linken oberen Temporalwindung zu nichte machen zu wollen schien. Bei einem Kranken, der im Leben keine Spur von Worttaubheit gezeigt hatte, fand sich nämlich eine fast vollständige Zerstörung des linken Schläfenlappens durch ein umfangreiches Gliosarcom. Das Krankheitsbild war lediglich aus Erscheinungen von allgemeinem Hirndruck und aus solchen, die sich nur durch Fernwirkung erklären liessen, zusammengesetzt. Auf die Nachforschungen Westphal's, der es selbst versuchte, für diesen allen andern Beobachtungen so widersprechenden Fall eine Erklärung aufzufinden, stellte sich nun aber heraus, dass der Kranke von Jugend auf Linkshänder gewesen war. Diese Entdeckung bewog Westphal zu der Annahme, dass möglicherweise in seltenen Fällen bei

---

1) Neurolog. Centralblatt. 1888. S. 841.
2) Berliner klin. Wochenschrift. 1884. 49.

Linkshändern, ähnlich, wie es für das Broca'sche motorische Sprachcentrum längst bekannt ist, so auch bezüglich des sensorischen, der rechten Seite dieselbe Bedeutung zugeschrieben werden müsse, dass also im vorliegenden Falle die Wortverstellungen rechts ihren Sitz gehabt haben mussten. Diese Auslegung Westphal's gewann um so mehr an Wahrscheinlichkeit, als dies nicht die alleinstehende derartige Beobachtung blieb.

Auch Senator[1]) erwähnt einen Fall, in dem sich bei der Section (es handelte sich um ein Myxosarcom des Beckens mit Leberabscessen) als rein zufälliger Befund ein wallnussgrosser Abscess des linken Schläfenlappens, „ganz in der Gegend, deren Zerstörung sensorische Aphasie zu bewirken pflegt", vorfand, ohne dass intra vitam die Spur davon hatte beobachtet werden können. Senator kam infolge dessen sofort auf die Vermuthung, dass es sich um einem Linkshänder gehandelt haben müsse, und seine Annahme wurde glänzend bestätigt. Die Linkshändigkeit war erblich in der Familie des Verstorbenen, von seinen 5 Geschwistern waren 4, ausserdem seine beiden Kinder von Jugend auf Linkshänder.

Noch ein dritter derartiger Fall ist bekannt, von Bianchi[2]) mitgetheilt. Es bestand ebenfalls bei einem linkshändigen Individuum eine grosse apoplektische Cyste im mittleren Drittheil der I., II. und III. Temporalwindung ohne das Worttaubheit beobachtet worden wäre.

Hieraus geht hervor, dass es allerdings Ausnahmen von der Regel, dass eine Erkrankung der linken oberen Temporalwindung sensorische Aphasie zur Folge hat, gibt, dass dies aber solche Fälle sind, wo es sich um eine rechtsseitige Lokalisation des sensorischen Sprachcentrums handelt, also bei Linkshändern.

Einen von Kussmaul mitgetheilten Fall von Worttaubheit bei einer Erweichung der rechten oberen Schläfen-

1) Charité-Annalen. 1888.
2) La Psychiatria. 1888. VI.

windung bei einem Linkshänder, auf welchen in Nothnagel's topogr. Diagnostik der Gehirnkrankheiten hinge-
wiesen wird, habe ich leider nicht in der Literatur auffinden
können.

„Man begegnet hier demselben Verhältniss", sagt Nothnagel, „wie bei atactischer Aphasie, die acustischen Wort-
bilder werden überwiegend in der linken Hemisphäre auf-
gespeichert, wie denn alle Fälle von Worttaubheit in der
That, wenn es sich um Rechtshänder handelt, Läsionen der
linken Hemisphäre anbetreffen."

Ein sehr merkwürdiger Fall wird nun aber weiterhin
von Claus[1]) mitgetheilt, wo trotz ausgesprochener sensorischer Aphasie, die ganze linke obere Temporalwindung sich
intact zeigte. An diesem Falle ist zunächst sehr bemerkens-
werth, dass die Worttaubheit kein konstantes Symptom
bildete, dass sie nur zeitweilig im Krankheitsverlaufe stärker
hervortrat, gewissermassen anfallsweise, während Paraphasie
dauernd vorhanden war. Hieraus geht schon zur Genüge
hervor, dass die Worttaubheit in diesem Falle keine Aus-
fallserscheinung gewesen sein kann.

Bei der Section fand sich: ein rother von punktförmigen
Blutungen durchsetzter Erweichungsheerd an der unteren
Fläche des linken Schläfen-Hinterhaupthirns, hauptsächlich
im Gyrus fusiformis mit einer schmalen Randzone noch auf
die untere Schläfenwindung sich erstreckend, ein zweiter
Erweichungsheerd zeigte sich im linken Stirnhirn, ein dritter
im linken Sehhügel. Es war in diesem Falle auch ein Versuch gemacht worden, den Geruchssinn zu prüfen, derselbe
war offenbar noch erhalten, wenn auch Pat. zu positiven
Angaben nicht zu bewegen war. Hierzu bemerkt nun Claus,
und man wird sich dem nur anschliessen können, dass der
scheinbare Widerspruch, in welchem diese Beobachtung zur
Lokalisationslehre steht, nur an der Hand der sogenannten

---

1) Irrenfreund. 1883.

indirekten Heerdsymptome gelöst werden kann. Es handelt
sich im vorliegenden Ealle um eine Störung, die nicht direkt
von der lädirten Stelle abhängig ist, sondern zum Theil auf
Fernwirkung beruht, eine Folge von Ernährungsstörungen
in der Umgebung des Erweichungsheerdes im Schläfen-
Hinterhaupthirn. Es ist nun ausserdem eine mikroskopische
Untersuchung im anliegenden Falle unterlassen worden, also
die Möglickeit immerhin nicht ausgeschlossen, dass in ähnlicher Weise wie in dem von Siemerling[1]) mitgetheilten
interessanten Falle von Hemiplegie, wo sich nicht die ge-
ringste makroskopisch sichtbare Veränderung in den Centralwindungen der entgegengesetzten Seite zeigte, die mikroskopische Untersuchung aber trotzdem das Vorhandensein
eines hochgradigen Erweichungsprocesses klarlegte, so auch
hier die Störungen von Seiten des Gehörs und der Sprache
sich leicht auf mikroskopische Veränderungen hätten zurückführen lassen.

Es wird also auch der von Claus mitgetheilte Fall
nichts zu ändern vermögen an der zweifellos feststehenden
Thatsache, dass die linke obere Schläfenwindung als das
Centrum für das Wortverständniss zu betrachten ist.

Damit ist nun aber die Frage nach den Funktionen
des Schläfenlappens nur zu einem geringen Theile beantwortet, denn als das eigentliche Heerdsymptom desselben
hat man nach Munk die Gehörsstörung, beruhend nicht
nur auf einem Verlust der Gehörsvorstellungen, sondern der
Schallempfindung selbst, mag dieselbe nun, wie Munk will,
eine einseitige, oder nach den Ansichten von Luciani u.
A. eine doppelseitige sein, zu erwarten. Prüfen wir die
durch die klinische Erfahrung gewonnenen Ergebnisse, so
finden wir, dass die Beobachtungen betreffend den Zusammenhang zwischen Temporallappenläsionen und Störung des Gehörs noch ausserordentlich selten, jedenfalls der beträcht-

1) Arch. f. Psych. XIX.

2*

lichen Menge von Fällen gegenüber, in denen trotz ausgedehnter in den genannten Regionen lokalisierter Krankheitsprocesse überhaupt keine Abnahme des Gehörs konstatirt werden konnte, immer noch in der Minderzahl vertreten sind. Dass dieselben nicht gerade zu den häufigen Vorkommnissen zu rechnen sind, geht schon daraus hervor, dass unter den bei der Worttaubheit angeführten mehr als 20 Fällen von zum Theil ziemlich umfangreichen Heerderkrankungen der Schläfenwindungen sich nicht ein einziger befindet, der eine wirkliche Gehörsstörung gezeigt hätte, ja dass bei mehreren ausdrücklich hervorgehoben ist, dass selbst die leisesten Geräusche noch mit Sicherheit wahrgenommen werden konnten.

„Einseitige Gehörsstörungen", sagt Nothnagel in seinem Werke (topograph. Diagnostik der Gehirnkrankheiten) „gehören, abgesehen von den durch direkte Schädigung des Acusticusstammes bei basalen Läsionen bedingten, zu den grössten Seltenheiten bei intracerebralen Heerden." Nothnagel gibt zu, dass bei regelmässiger Aufmerksamkeit darauf, an welcher es bis jetzt offenbar gefehlt habe, ihr Vorkommen sich häufiger constatiren lassen werde, bis jetzt seien aber nur die spärlichen Fälle von einseitiger Taubheit und Schwerhörigkeit bekannt, welche neben Beeinträchtigung der andern Sinnesnerven und neben Hemianaesthesie bei Läsionen der innern Kapsel vorkämen, dagegen seien genaue Sectionsbefunde, welche bewiesen, dass weiter nach dem Cortex zu gelegene Heerde Taubheit erzeugt hätten, seines Wissens nicht mitgetheilt. Beeinträchtigungen des Gehörs finden sich nach Bernhardt[1]) bei Tumoren des Pons, der Medulla, des Kleinhirns, der Vierhügel, der mittleren und hinteren Schädelgruben; fast jedes Mal lassen sich die beobachteten Erscheinungen auf den Nervus acusticus zurückführen. Die Frage, ob es sich nachweisen lässt, dass bei Tumoren bestimmter Theile des Schläfenlappens Seelentaubheit erzeugt werden könne, sei noch nicht beantwortet.

---

1) Bernhardt, Hirngeschwülste.

Nach Westphal[1]) sind die bisherigen Ergebnisse der Pathologie bezüglich der Funktion des linken Schläfenlappens noch sehr gering. Westphal kann eigentlich noch keinen Fall, der für Munk's Lehre spräche, bei strenger Kritik aller Umstände auffinden. Aehnlich sprechen sich Luciani und Sepilli aus: „um die Frage der Lokalisation des Hörcentrums auf der Hirnrinde des Menschen zu lösen, forschten wir nach, wo die eigentliche, sogenannte Taubheit in Folge von Rindenläsionen gefunden worden sei, aber es gelang uns nicht, irgend eine klare und entschiedene Beobachtung hierfür aufzufunden." Ebenso versichert Ferrier, dass er keine klinische Thatsache habe finden können, die mit Sicherheit den Nachweis für Abschwächung oder gänzlichen Ausfall des Gehörs nach einer destruktiven Läsion der Rinde geliefert hätte. Am wenigsten pessimistisch spricht sich noch Wernicke aus: Nach ihm ist es in einem grossen Theil der gemachten Beobachtungen sehr oft der mangelhaften Untersuchung zuzuschreiben, dass die Symptome von Seiten des Gehörs zu fehlen scheinen. Letzter würden unzweifelhaft so sehr selten nicht vorkommen, wenn man den betreffenden Fällen in dieser Hinsicht mehr Aufmerksamkeit geschenkt hätte.

Glücklicherweise stehen wir nun aber heutzutage der schon so oft erörterten Frage nach der corticalen Endausbreitung des Acusticus doch nicht mehr so ganz ohne jede Stütze seitens der Pathologie gegenüber. Auch hier ist es der um die Erforschung des Schläfenlappens so hochverdiente Wernicke zuerst gewesen, der einen vollständig einwandfreien, genau beobachteten Fall von wirklicher centraler Taubheit veröffentlicht hat. Es ist hier die von Wernicke und Friedländer[2]) gemeinsam veröffentlichte Mittheilung von doppelseitiger Taubheit bei gummöser Erweichung beider

---

1) Neurolog. Centralblatt 1884. Nr. 1.
2) Wernicke und Friedländer. Fortschritte der Medizin. 1883. I.

Schläfenlappen gemeint. Der Fall verdient, wegen des hohen Interesses, welches er in dieser Hinsicht bietet, hier genauer besprochen zu werden.

Es handelt sich um eine 43jährige Frau, die schon seit längerer Zeit (Sept. 1879) an Kopfschmerzen, Uebelkeit und epileptischen Anfällen gelitten hatte. Der Umgebung sowohl, wie der Pat. selbst (dies beruhte auf wiederholten ausdrücklichen Versicherungen seitens der Kranken) fiel auf, dass ihr Gehör zunehmend schwächer wurde und dass sie auf Fragen unzutreffend antwortete, trotzdem sie früher niemals schwerhörig gewesen war. Am 27. Juni 1880 bekam Pat. einen apoplektiformen Anfall mit nachfolgender rechtsseitiger Hemiparese mit Aphasie. Lähmungserscheinungen und Sprachstörung gingen in den nächsten Wochen nach dem Insult zwar wieder zurück, es blieb aber bestehen sensorische Aphasie. Pat. verstand kein Wort von dem, was man ihr sagte, sprach dagegen selbst, konnte sich indess nicht verständlich machen. Am 19. Sept. wurde Pat. genauer auf ihr Gehörsvermögen geprüft, und vollkommene Taubheit constatirt. An einer schweren Leuceamie ging sie am 21. Oct. 1880 zu Grunde.

Bei der Obduction fand sich ein gummöser Erweichungsprozess in beiden Schläfenlappen und zwar links die ganze Masse der oberen und mittleren Temporalwindung nebst dem grösstem Theil der Stabkranzfaserung an der rechten Hemisphäre, wie es zunächst schien, nur den Lobulus parietalis inferior betreffend. Der Temporallappen selbst schien hier nur wenig betheiligt. Es zeigte sich aber bei der genaueren Untersuchung an dem in Müller'scher Lösung conservirten Gehirn, dass auch hier der Befund einer ausgedehnten Zerstörung der Rinde gleichkam; denn der Heerd erstreckte sich an der Grenze zwischen Scheitel- und Schläfenlappen weit in die Tiefe in den Stabkranz hinein, hatte mithin die Communikation zwischen Rinde und peripheren Acusticus auch hier fast völlig unterbrochen. Eine von Lucae vorgenommene Untersuchung der Gehörapparate bestätigte die vollständige Intactheit derselben, somit konnte eine Betheiligung der schallleitenden Organe als ausgeschlossen gelten. Ebenso lehrte der Sectionsbefund, dass von einer nennenswerthen Steigerung des intracraniellen Druckes nicht die Rede sein konnte, mithin konnte auch eine solche Veranlassung der Taubheit, wie sie bei Tumoren der hinteren Schädelgrube entstehen kann, nicht vorliegen.

Der Wernicke'schen Beobachtung verdient zunächst ein von Russell[1]) mitgetheilter Fall zur Seite gestellt zu werden:

Ein grosses Sarcom der rechten regio temporalis mit Compression des Occipitallappens hatte als Symptome verursacht Kopfschmerz, Neuritis optica duplex mit Blindheit, plötzlich eintretende rechtsseitige Hemiparese und, was auffallen muss, Taubheit auf beiden Ohren. Der Gehörapparat wird, was den Fall zu einem sehr bedeutsamen macht, als intact angegeben. Was die Angabe von der doppelseitigen Gehörsstörung anbetrifft, so liegt kein Grund vor, daran zu zweifeln, es würde dies nur im Gegentheil ein neuer Beweis dafür sein, dass die Ansicht von der partiellen Acusticuskreuzung die richtige ist. Dagegen wird man kaum fehlgehen, anzunehmen, dass Russell, wenn er schlankweg von doppelseitiger Taubheit spricht, etwas zu hoch gegriffen hat, und dass höchstwahrscheinlich auf dem rechten Ohr das Gehörvermögen zwar herabgesetzt, aber noch nicht gänzlich aufgehoben gewesen ist, ein wirklichor Verlust desselben also nur auf dem gekreuzten Ohr bestanden hat.

Für die übrigen im vorliegenden Fall beobachteten Symptome eine Erklärung aufzufinden, dürfte kaum Schwierigkeiten haben. Die doppelseitige Stauungspapille und der auf den Hinterhauptlappen durch den Tumor ausgeübte Druck erklären zur Genüge die vorhandene hochgradige

---

1) Medic. Times and Gaz. 1873. Bernhardt, Hirngeschwulste.

Sehstörung, die plötzlich eintretenden halbseitigen Lähmungserscheinungen können nur auf Fernwirkung in Folge plötzlich gesteigerten intracraniellen Druckes bei stärkerer Fül-
lung der Gefässe der Neubildung oder auf einer Compression der zuführenden Ernährungsbahnen seitens der letzteren
beruhen.

Ausser den beiden soeben angeführten Beobachtungen
konnte ich nur noch einen Fall vorfinden, wo durch eine
ausdrückliche Angabe über das Verhalten des Gehörorgans
eine Betheiligung desselben mit Bestimmtheit ausgeschlossen
werden konnte. Es handelt sich um eine Mittheilung von
K a u f f m a n n aus der K u s s m a u l'schen Klinik in der
Berliner klin. Wochenschrift [1]).

Eine 71 Jahre alte Person, die stets gut gehört hatte,
bekam einen apoplektischen Insult, mit folgender linksssei-
tiger, hauptsächlich den Arm betreffender, Hemiplegie. Seit
dem Anfall litt die Pat. nach ihrer und der Angehörigen
übereinstimmender Aussage, an linksseitiger Schwerhörigkeit,
und war am Ende des Krankheitsverlaufes Taubheit auf
dem linken Ohr mit Bestimmtheit zu konstatiren. Die Uhr
wurde selbst bei direktem Anlegen an dasselbe nicht mehr
gehört, rechts aber auch nur auf eine Entfernung von 20 cm.
Die Sprache war bis zum Exitus noch verständlich, Sehstörungen fehlten. Bei der Section fand sich Embolie des
hinteren Hauptastes der Arteria fossae Sylvii mit Erweichung der oberen und mittleren Schläfenwindung, des unteren
Theils der hinteren Centralwindung und des unteren Scheitelläppchens. An der ganzen Basis bis in den Hinterlappen
bestand ausserdem noch eine starke Erweichung der weissen
Substanz, namentlich im hinteren Theil des Schläfenlappens.
Ein anderer Erweichungsheerd sass im Corpus striatum und
erstreckte sich auf den vorderen Schenkel der inneren
Kapsel.

---

1) Berlin. Klin. Wochenschrift. 1886. S. 541.

Alles was ich sonst noch von auf corticalen Läsionen beruhenden Gehörsstörungen in der einschlägigen Literatur angegeben gefunden habe, kann leider wegen der lückenhaften Untersuchung oder wegen seitens des Gehörapparats bestehender Complikationen nicht entfernt den Werth beanspruchen, wie die vorhergegangenen Mittheilungen. In zwei älteren von Hutin[1]) und Schiess-Gemuseus[2]) veröffentlichten Fällen von Gehörsstörungen bei Heerden im Schläfenlappen fehlt der Nachweis, dass die schalleitenden Organe sich normal verhielten, einmal ist sogar angegeben, dass die Taubheit schon sehr alten Datums war. Ebenso mangelhaft ist die Angabe von Horsley[3]) von einseitiger Taubheit bei einer Zertrümmerung der rechten oberen Schläfenwindung durch einen Bluterguss mit Ausbreitung des Heerdes auf die untere Centralwindung und das untere Scheitelläppchen. Ein von Renvers[4]) herrührender Fall ist deswegen nicht zu verwerthen, weil es sich um eine mit einem chronischen Ohrleiden und zwar einer Eiterung scrophulöser Natur behaftetes, von Jugend auf schwerhöriges Individuum handelt. Dasselbe litt seit einigen Jahren an Parese der linken Extremitäten, linksseitiger homonymer Hemianopsie, bekam dann einen apoplektischen Insult mit folgender linksseitiger Hemiplegie und Taubheit. Diesem Krankheitsbild entsprach ein ausgedehnter rechtsseitiger Erweichungsheerd in der motorischen und Stirnregion, der mittleren Schläfen- und Hinterhauptwindung. In einem Bericht von Mills und Bodamer[5]) vermissen wir wieder Angaben über das Gehörorgan zur Zeit des Auftretens der

---

1) De la température dans l'hémorrhagie centrale Th. de Paris 1877. 5.
2) Monatsblatt für Augenheilkunde. 1870. — Wernicke und Friedländer. Fortschritte der Medicin. 1888.
3) Phys. Soc. 1883.
4) Neurol. Centralblatt. 1889.
5) Journ. ot nerv. and. ment. disease. 1887.

cerebralen Erscheinungen, und die Mittheilung, dass Pat. früher an Ohrenentzündung gelitten hatte, dient nicht gerade dazu die Wahrscheinlichkeit eines corticalen Ursprungs der Schwerhörigkeit näher zu legen. Es handelt sich um ein 12jähriges Mädchen, welches in Folge eines Sturzes von der Treppe an heftigen Kopfschmerzen litt, die sich mit der Zeit so steigerten, dass die Ueberführung in's Krankenhaus sich nöthig machte. Hier wurden konstatirt spontaner, sowie auf Druck hervorzurufender Schmerz in der rechten Schläfengegend, rechtsseitige Stauungspapille, Dilatation der rechten Pupille und Herabsetzung der Seh- und Hörschärfe, die aber auch nicht genauer bestimmt wird; hierzu kam ein Anfall von Benommenheit mit einer Hemiplegia alternans, die linken Extremitaten und den rechten Facialis anbetreffend, nebst einer angedeuteten Articulationsstörung der Sprache. Bei der Section fand sich ein grosses gefässreiches Gliom im Mark des rechten Schläfenlappens mit frischer Blutung in dasselbe. Der letzteren sind wohl ohne Zweifel die zuletzt auftretenden Lähmungserscheinungen zuzuschreiben.

Sehr zu bedauern ist es, dass auch in einem von Bramwell[1]) mitgetheilten Fall nähere Angaben über das Gehörorgan und vor Allem über das Verhalten des peripheren Acusticus fehlen. Bei einem grossen Sarcom, umfassend die hintere Hälfte der unteren Stirnwindung, die untere Hälfte der vorderen Centralwindung, einen Theil der Insel, die beiden oberen Schläfen- und die Supramarginalwindung der rechten Seite, bestanden Kopfschmerz, Schwindel, Neuritis optica duplex, Taubheit des rechten Ohres und Herabsetzung des Geruchs bei erhaltenem Gesicht und Geschmack. Die auffällige Angabe von der rechtsseitigen Taubheit kann, wie alle Mittheilungen von ausschliesslicher Herabsetzung des Gehörs auf der gleichen Seite bei Schläfenlappenläsionen,

---

1) Bernhardt, Hirngeschwülste. Edinburg. med. Journ. 1878.

nur mit grösster Reserve aufgenommen werden, da die Erklärung für dieses Symptom sehr leicht in einer direkten
Druckwirkung seitens des Tumors auf den rechten Hörnerven
gesucht werden könnte.

Hier seien noch zwei Beobachtungen von Beach und
Shuttleworth[1]) erwähnt, die sich auf zwei taube Idioten
beziehen, bei denen doppelseitige Bildungsdefekte der oberen
Schläfenwindung vorgefunden wurden.

Damit sind im Ganzen die Fälle von Ausfallserscheinungen
seitens des Gehörs bei Schläfenlappenläsionen erschöpft;
alle übrigen, die etwa hier noch in Betracht kommen könnten,
sind noch vorsichtiger als die letztgenannten aufzunehmen,
denn einestheils betreffen sie so ausgedehnte Hirnläsionen
(so z. B. eine Echinococcuscyste[2]), durch die fast die ganze
eine Hemisphäre in einen Sack umgewandelt war), dass schon
wegen des hochgradig gesteigerten intracraniellen Druckes,
der ja an und für sich auch Gehörsstörungen erzeugen
kann, von einer Verwerthung derselben für die Symptomatologie des Schläfenlappens nicht die Rede sein kann,
andrerseits lässt sich eine Wirkung auf den peripheren
Acusticus mit Sicherheit bei vielen nicht ausschliessen. Von
Ausfallserscheinungen seitens des Geruches habe ich in allen
den angeführten Beobachtungen — mit alleiniger Ausnahme
der von Bramwell — so viel wie nichts angegeben finden
können.

Es existiren nun noch einige hauptsächlich von englischen
Autoren veröffentlichte, sehr merkwürdige Beobachtungen,
die, wenn sie auch ebensowenig für den Zusammenhang
zwischen Gehör und Schläfenlappen direkt beweisend sein
können, weil lediglich auf Fernwirkung beruhend, so doch
immerhin als beachtenswerther Fingerzeig für die Funktionen
desselben aufzufassen sind. Es handelt sich um die Fälle,

---

1) Brit. med. Journal 1883.
2) Kotsonopulos. Virch. Arch. Bd. 57. 1873.

wo bei streng auf den Schläfenlappen oder auf die nächste
Nachbarschaft desselben beschränkten Heerderkrankungen
acustische Reizerscheinuugen in Form von subjectiven Gehörsempfindungen, wie Geräuschen im Ohr oder Hallucinationen auftraten.

Hughlings Jackson [1]) war der erste, der von sub-
jeotiven Geräuschen auf dem linken Ohr, die als Aura linksseitigen epileptiformen Convulsionen vorangingen, berichtete.
Ihnen entsprach bei der Section ein Tumor zwischen der
rechten oberen Temporalwindung und dem Thalamus opticus.

Tamburini und Riva [2]) kennen 5 Fälle von para-
lytischen Läsionen der Rinde des Schläfenlappens, wo Gehörshallucinationen auftraten. In einem derselben, in dem es sich
um unilaterale Hallucinationen handle, liess sich mit Bestimmtheit nachweisen, dass eine Läsion in der oberen Schläfenwindung der gegenüberliegenden Seite vorhanden war, ebenso
fand Gowers bei Epileptikern, die in der Aura regelmässig
Glockenklingen auf einem Ohr bekamen, Affektionen der
Temporalwindung der gekreuzten Seite. Ein interessanter
derartiger Fall wird von Wilson [3]) berichtet.

Eine 33jährige syphilitische Frau bekam einen Kranken-
anfall, einsetzend mit subjectiven Gehörsempfindungen (clicking
of machinery) und darauffolgendem Bewusstseinsverlust. Dabei verzog sich das Gesicht nach links. Zwei Wochen später
erfolgten ähnliche Anfälle mit Erbrechen und heftigem Kopfschmerz in der linken Stirnhälfte. Beiderseits bestand Stauungspapille und Ohrensausen, die Hörweite war rechts und
links gleich, die craniotympanale Leitung symmetrisch. Ein
neuer Anfall beginnend mit subjectiven Geräuschen im Kopf
führte unter allgemeinen Convulsionen und Coma zum Exitus.
Section: Gumma von $1\frac{1}{2}$ Zoll Durchmesser in der oberen
Temporalwindung auf die tiefsten Theile der Frontalwindung

1) The Lancet 1866.
2) Atti del. congr. 1888.
3) The Lancet 1888. Neurolog. Centralblatt 1889.

und der vorderen Centralwindung übergehend. Bemerkens-
werth ist für den vorliegenden Fall, dass die Gehörsempfindungen als doppelseitige angegeben werden, dass dem-
nach wohl Acusticusfasern beider Seiten unter dem Einfluss
des durch den Tumor geschaffenen Reizzustandes gestanden
haben müssen.

Von Gehörshallucinationen bei einem wallnussgrossen
Sarcom des Schläfenlappens berichtet ferner noch Orme-
rod [1]). Der Pat. litt seit 18 Monaten an momentanen Anfällen von Bewusstlosigkeit und von allgemeinem Tremor.
Nach einem ungewöhnlich schweren Anfall, der mit Krämpfen
der linken Körperhälfte endete und durch subjective Gehörsempfindungen eingeleitet war, blieb Taubheit zurück.
Die Bedeutung der letzteren wird man leider auch in diesem
Falle nicht hoch anschlagen können, da nebenbei bemerkt
wird, dass schon seit Jahren in Folge einer früheren Ohren-
Leidens eine Abschwächung der Hörfähigkeit vorhanden
gewesen sei.

Starkes Ohrensausen wird als ein im Krankheitsbild
hervorstechendes Symptom bei Schläfenlappentumoren von
Westphal, Senator und Peipers [2]) angeführt. Ausser
diesen Fällen von Gehörshallucinationen habe ich noch eine
Angabe von Hughlings, Jackson und Beevor [3]) vorgefunden, die schon deswegen viel Interesse bietet, weil sie zu
den wenigen Beobachtungen gehört, wo bei Heerden im
Schläfenlappen Geruchsstörungen sich zeigten. Der betreffende
Pat. litt an epileptiformen Anfällen, ohne vollständigen Bewusstseinsverlust, beginnend mit Tremor der Hände und
Arme, im Verlauf deren Gesichtshalluciuationen und ein
unbeschreiblicher abscheulicher Geruch mit Erstickungsge-
fühl auftraten. Während des Anfalles stand Pat. mit weit
aufgerissenen starren Augen da, dabei ging ihm der Urin

---

1) Brit. med. Journal 1884.
2) Berl. Dissert. 1873
3) Brit. med. Journal 1888.

unwillkürlich ab. Bei der Section fand sich in der Spitze
des Temporallappens ein Rundzellensarcom, dass den Nucleus
amygdalae mitumfasste, die Rinde des Gyrus hippocampi
aber nicht berührte. Die Autoren schliessen hieran die Bemerkung, dass der Fall zweifellos den von Ferrier be-
haupteten Zusammenhang zwischen der oberen Temporo-
shpenoidalwindung und dem Geruchsvermögen erweise und
dass das Centrum selbst nicht zerstört gewesen sein könne,
da die beschriebenen Geruchstäuschungen vorkamen, und
keine Anosmie vorhanden war. Letzterem wird man sich
nun anschliessen können, im Uebrigen aber die Hallucinationen als Reizerscheinungen seitens der Rinde des Gyrus
hippocampi, beruhend auf Fernwirkung, auffassen müssen
welchen letzteren wohl Munk in diesem Falle auch für dieselben verantwortlich gemacht haben würde.

Bevor ich mit den Fällen von corticaler Gehörsstörung
abschliesse, möchte ich eine merkwürdige Beobachtung von
Mendel[1]) nicht übergehen, einen Paralytiker anbetreffend,
der, wenn man ihm in das linke Ohr sprach, den Kopf con-
stant nach rechts drehte und die Augen nach rechts richtete,
als ob er den Sprechenden ansehen wolle, wenn man aber
dasselbe Experiment auf dem rechten Ohr versuchte, denselben richtig in's Auge fasste. Mendel, der zur Genüge
festgestellt hat, dass Zufälligkeiten dabei als ausgeschlossen
betrachtet werden müssen, erklärt diese eigenthümliche Art,
auf Gehörseindrücke zu reagiren, damit, dass der Kranke
das Vermögen verloren habe, den von links kommenden
Gehörseindruck richtig zu lokalisiren, und diagnosticirte eine
Heerderkrankung im rechten Schläfenlappen. In der That
fand sich in der III. Schläfenwindung ein alter haemor-
rhagischer Heerd.

Wie aus Vorstehendem ersichtlich, ist das Material von
Fällen, die für einen Zusammenhang zwischen Cortex des

---

1) Mendel, Paralyse der Irren.

Schläfenlappens im Gehörvermögen sprechen, noch ein überaus dürftiges, zum grössten Theil wegen Ungenauigkeit der Angaben unbrauchbares. Die ohnehin schon so geringe Anzahl der in dieses Gebiet einschlagenden Beobachtungen schrumpft noch mehr zusammen, wenn man bedenkt, dass auch von den drei Beochtungen, die hier noch am meisten ins Gewicht fallen, die eine, wie Kussmaul selbst hervorhebt, uns nicht dazu berechtigt, den Zusammenhang zwischen Taubheit und der corticalen Läsion als feststehend anzunehmen, da „bei dem weitem Uebergreifen des necrotischen Processes auf die weisse Markstrahlung, die Deutung keineswegs ausgeschlossen werden kann, dass in irgend einem Theil der zerstörten Fasergebiete des Hirnmantels, vermuthlich den hinteren Ausstrahlungen des Stabkranzes, die Acusticusbahn durchbrochen wurde!" Es kann nicht genug bedauert werden, dass manche Mittheilung, die bei genaueren Angaben unzweifelhaft einen wesentlichen Anhalt für Munk's Lehre hätte abgeben können, eben wegen des Fehlens derselben keine Verwerthung finden kann.

Gegenüber dieser geringen Anzahl von Fällen existirt eine Reihe von Beobachtungen sehr ausgedehnter im Schläfenlappen lokalisirter Prozesse, wo jedes Symptom von Seiten des Gehörs fehlt. Unter nahezu 52 Fällen, in denen sich eine Affektion der Temporalwindung fand, verliefen 36 ohne jede Störung seitens des Gehörvermögens, in 20 davon handelte es sich um Tumoren oder Abscesse, in den übrigen um Erweichungsheerde. Wirkliche Gehörstörungen bestanden dagegen nur in 15 Fällen, in 5 davon als Reizerscheinungen seitens desselben, in den 10 übrigen in Form einer Herabsetzung des Gehörs bis zur Taubheit gehend. Von diesen letzteren sind, wie oben vermerkt, völlig einwandfrei nur 2, die übrigen mehr oder minder zweifelhafter Natur.

Unter den Beobachtungen, wo Gehörsstörungen fehlten, verdient an die Spitze gestellt zu werden ein Fall von Gray [1]:

1) Journal of nerv. and. ment. disease 1886.

Bei einem 50jährigen Manne, der an heftigen Consulsionen litt, zeigten sich in den von letzteren freien Intervallen keine weiteren Symptome als eine sehr beträchtliche Amnesie. Die Section ergab eine sehr ausgebreitete Leptomeningitis im Gebiete der Arteria fossae Sylvii und Erweichungsheerde in beiden Temporallappen, links obere und mittlere, rechts nur die obere Schläfenwindung umfassend, in allen der Sylviischen Furche benachbarten Windungen fanden sich zahlreiche capillare Apoplexien.

Die weiteren hier anzuführenden Fälle sind die folgenden:

Goodhart[1]):

Tumor des rechten Temporallappens in der Mitte der oberen Windung nach innen gegen die unteren Partien der Centralwindung vordringend. Schmerz und Hyperästhesie der rechten Temporalgegend, epileptische Anfälle, Parese des linken Facialis und des linken Armes, nicht des Beines. Keine Taubheit oder Worttaubheit.

Leclerc[2]):

Tumor des linken Schläfenlappens. Kopfschmerz, Brechen, Stauungspapille, Benommenheit.

Mariani[3]):

Abscess im rechten Schläfenlappen ohne Hörstörungen,

Westphal[4]) (siehe oben).

Bianchi[5]):

Cyste im mittleren Theil der drei Temporalwindungen ohne Hörstörungen.

Koerner I[6])

Bei der Section einer an Darmblutung nach perforirtem Duodenalgeschwür gestorbenen Frau, fand sich zur allgemeinen Ueberraschung ein grosser Defekt im linken Schlä-

---

1) The Lancet. 1888.
2) Revue de med. 1887.
3) Berliner klin. Wochenschrift. 1885.
4) Berl. klin. Wochenschr. 1884.
5) La Psychiatria. 1880.
6) Berl. klin. Wochenschr.

fenlappen. Es fehlten die Spitze, untere Partie des vordern
Theils der oberen, der vordere Theil des zweiten und die
ganze dritte Schläfenwindung. Bei der mikroskopischen
Untersuchung fand sich die hintere Hälfte der oberen Schläfenwindung intact.

Es war klinisch erwiesen, dass die Kranke, die übrigens
rechtshändig war, auf dem rechten Ohre immer gut gehört
hatte, zumal da das linke zuletzt durch einen Furunkel im
Gehörgange fast vollständig verschlossen gewesen war.

Koerner II [1]):

Bei einem an Empyem operirten Mann zeigte sich als
rein zufälliger Befund ein grosser alter Defekt im rechten
Schläfenlappen fast die ganze untere Fläche desselben ein-
nehmend. Die Symptome bestanden in Kopfschmerzen, die
Pat. hauptsächlich im Hinterkopf lokalisirte, anfallsweise
auftretender Aphasie, linksseitiger Lähmungserscheinungen
und geistiger Schwäche. Trotz genauer Untersuchung seitens der Aerzte konnte eine Abnahme des Gehörs nicht konstatirt werden, ebenso scheint eine Störung des Geruchs
nicht vorhanden gewesen zu sein [2]).

Bruce [3]):

Tumor im Mark des linken Schläfenlappens, Gehör intact.

Eiselsberg [4]):

Ganzer rechter Schläfenlappen in einen Abscess verwandelt, nur von einer schmalen Schicht Rindensubstanz
bedeckt.

Symptome: Schmerz in der rechten Gesichtshälfte und
Jochbeingegend, Exophthalmus, vorübergehende rechtsseitige
Hemiparese nach einem Schwindelanfall.

Girandeau [5]):

1) Berl. Klin. Wochenschr., aus Kussmaul's Klinik. 1885.
2) Nach Aussage der Wittwe war der Pat. schon seit längerer
Zeit schwerhörig.
3) Brain. 1883.
4) Deutsch. Arch. für klin. Medicin. XXXIV.
5) Luciani-Sepilli, Local. der Funkt. der Grosshirnrinde.

8

Gehör erhalten bei Zerstörung eines grossen Theils des linken Schläfenlappens durch ein Gliosarcom.

Franks[1]):

Cyste des linken Schläfenlappens. Epileptische Anfälle, Sprachstörung, Agraphie, allgemeine Hirnsymptome, keine Angabe bezüglich des Gehörs.

Luciani und Sepilli[2]):

Sehr grosser alter Erweichungsheerd im ganzen linken Schläfenlappen, in den Occipitalwindungen und im Gyrus supramarginalis. Worttaubheit, aber keine Taubheit.

Petrina[3]):

Gliosarcom des rechten Schläfenlappens. Herabsetzung der Sensibilität links mit vasomotorischen Erscheinungen, Parese der linken Körperhälfte, Deviation des linken Auges nach aussen und Erweiterung der linken Pupille, keine Angaben über das Gehör.

Sander[4]):

Gliom im linken Schläfenlappen, mit dem linken Tractus olfactorius zusammenhängend. Subjective Geruchsempfindungen, epileptische Anfälle ohne Convulsionen mit Verziehung des Gesichts nach links, Parese der rechten Extremitäten und Abnahme des Sehvermögens, das Gehör wurde intact gefunden.

Lutz[5]):

Abscess im linken Schläfen- und Stirnlappen. Lähmung und Contractur der rechten Hand, Inspirationskrampf, klonische linksseitige Zuckungen, linksseitige Ptosis.

Smith[6]):

Gliom im rechten Schläfen- und Scheitellampen. Linksseitige Lähmungserscheinungen, Imbecillitas, Gedächtnissschwäche.

---

1) The Brit. Med. Journal.
2) Funktions-Localisation auf der Grosshirnrinde.
3) Aus Bernhardt, Hirngeschwülste.
4) Arch. f. Psych. IV. 1878.
5) Bayer. ärztl. Intelligenzbl. Bernhardt, Hirngeschwülste.
6) The Brit. Med. Journ. Bernhardt, Hirngeschwülste.

Levinge[1]):

Tumor fast den ganzen linken Schläfenlappen einneh-
mend, rechtsseitige Hemiparese, Strabismus divergens dexter.

Im Anschluss an die eben angeführten Fälle möchte ich
den von mir in der Binswanger'schen Klinik beobachteten einer eingehenderen Besprechung unterwerfen. Wie
aus der Krankengeschichte hervorgeht, setzte sich das Krankheitsbild einerseits aus allgemeinen cerebralen Erscheinungen,
die fast bei jedem Tumor zur Beobachtung gelangen, wie
Kopfschmerz, Stauungspapille, Convulsionen, Uebelkeit, im
Uebrigen aber aus Symptomen zusammen, die sich nur als
Fernwirkungen deuten lassen. Hierfür spricht schon der
häufige Wechsel und der periodische Charakter derselben,
die zuweilen ganz zurücktraten, um sich dann wieder deut-
licher bemerkbar zu machen, und ferner ihre geringe Intensität. Am meisten fiel auf die paraphasische Ausdrucks-
weise der Kranken, die aber auch zeitweilig so gering aus-
geprägt war, dass in der Krankengeschichte ihr stärkeres
Hervortreten jedesmal ausdrücklich bemerkt wird. Die Erklärung für dieses Symptom kann keine Schwierigkeiten
machen, wenn man berücksichtigt, dass die Insel, welche
ja nach Wernicke als das die Leitungsbahnen vom motorischen zum sensorischen Sprachcentrum enthaltende Gebiet
der Hirnrinde angesehen werden muss, am allermeisten der
Druckwirkung seitens der stetig wachsenden Geschwulst ausgesetzt sein musste und je nach dem, wahrscheinlich auf ver-
änderter Blutfüllung derselben beruhenden, Anwachsen oder
Nachlassen des Druckes mit mehr oder weniger ausgepräg-
ten Hemmungserscheinungen antwortete. Ebenso erklären
sich die spurweise vorhandene Paragraphie und Dyslexie als
Hemmungserscheinungen seitens des Gyrus frontalis medius
und des Gyrus angularis. Dass die rechtsseitige Arm- und
Facialisparese nur als Fernwirkung, beruhend auf dem Druck,

---

1) Bernhardt, Hirngeschwülste.

dem die Centralwindungen ausgesetzt waren, gedeutet werden
können, bedarf wohl keiner weiteren Erwähnung, und zwar
waren auch hier Facialis- und Armcentrum als dem Heerde
näher gelegene Bezirke den Wirkungen seitens desselben
mehr unterworfen als das entfernter gelegene Beincentrum.
Entsprechend der Lage des Zungencentrums in der Nähe
des Facialisfeldes war eine Hypoglossusparese vorhanden.
Als eine central bedingte Parese eines Theiles der Oculo-
motoriusfasern dürfte vielleicht die Erweiterung der rechten
Pupille aufzufassen sein, während die zeitweilig beobachtete
stärkere Röthung der rechten Gesichtshälfte sich am besten
aus den Eulenburg-Landois'schen Versuchen erklären
lässt, nach denen Reizung im Gebiete der motorischen Region der einen Seite Contraction in den Gefässen der gekreuzten Körperhälfte, Lähmung im Gebiete der ersteren
aber eine Erweiterung der Gefässe bedingte. Es ging also
in unseren Falle Hand in Hand mit der rechtsseitigen Facialisparese die Erweiterung der Gefässe der rechten Gesichtshälfte. Als ein sehr beachtenswerthes Symptom ist
ferner erwähnt, dass Pat. in dem Krampfanfalle, der dem
Exitus vorausging, eine conjugirte Seitwärtswendung der
Bulbi nach rechts zeigte. Zur Erklärung dieser Erscheinung verweise ich auf einen von Wernicke im Arch. f.
Psych. XX, 1 mitgetheilten, von ihm diagnoscirten Fall einer
Heerderkrankung des rechten unteren Scheitelläppchens, die
unter den Symptomen einer associirten Augenbewegung nach
der gekreuzten Seite, linksseitiger Hemianaesthesie und Parese ohne vorhergegangenen apoplektischen Insult verlief.
Im Anschluss an diesen Fall weist Wernicke an der Hand
einer Casuistik von 42 Fällen nach, dass das untere Scheitelläppchen als das corticale Centrum für die associirte
Augenbewegung angesehen werden müsse, und bestätigt damit die übereinstimmenden experimentellen Erfahrungen von
Munk und Ferrier. Was schliesslich noch die linksseitige
Gesichtsneuralgie, an der Pat. zu leiden hatte, anbetrifft, so

kann sie nur auf einer Einwirkung seitens des gesteigerten intracraniellen Drucks auf den Trigeminus beruhen, während sie im Anfang den Gedanken an eine basale Affektion nahelegte. Was das psychische Verhalten des Pat. anbetrifft, so bot dasselbe ein sehr wechselndes Bild. Ein mässiger Gedächtnissdefekt war entschieden vorhanden. Im Uebrigen wechselten weinerliche und ängstliche Stimmung mit nahezu ganz correctem Verhalten, wurden dann durch plötzliche Erregungszustände, bei Gelegenheit deren Pat. auch Wahnvorstellungen äusserte, unterbrochen, um schliesslich gegen das Ende hin in ein schlaftrunkenes und benommenes Wesen überzugehen.

Dem mannigfaltigen Symptomenbild seitens verschiedener dem Heerde mehr oder weniger fern gelegener Centren gegenüber musste der fast gänzliche Mangel aller eigentlichen Heerdsymptome seitens des Schläfenlappens selbst auffällig berühren. Es konnten trotz mehrmaliger Untersuchung Störungen weder von Seiten des Gehörs noch des Geruchs bemerkt werden und nur ganz gegen Ende des Krankheitsverlaufes schien es, als ob Spuren von sensorischer Aphasie sich zeigten.

Der Fall ist also bezüglich der Lokalisationslehre als ein durchaus negativer zu bezeichnen. Es entsteht nun die Frage: Ist derselbe im Verein mit den übrigen Beobachtungen geeignet die Munk'sche Ansicht wesentlich zu erschüttern, oder lässt er sich überhaupt als Beweis für das Nichtbestehen der Beziehung zwischen Schläfenlappen und Gehör verwerthen? Eine Beantwortung dieser Frage soll im Nachstehenden versucht werden.

Hier kann zunächst meiner Ansicht nach ein Umstand nicht genug betont werden: bei weitem die meisten der Beobachtungen, die man gegen Munk in's Feld führen könnte, haben denselben Mangel an Genauigkeit aufzuweisen, den wir bei den Fällen von corticaler Taubheit leider so unangenehm empfinden müssen, es fehlen nämlich auch hier bestimmte Angaben über das Verhalten des Gehörs. In einigen sind solche überhaupt nicht vermerkt, wie in den Fällen von Eiselsberg, Franks, Petrina, Lutz, Smith, Levinge u. A., und es ist dann wenigstens anzunehmen, dass gröbere Funktionsstörungen der angegebenen Art nicht vorhanden waren, aber auch in den übrigen Fällen beschränken sich die Angaben lediglich auf eine kurze Bemerkung, dass das Gehör intact gewesen sei. Dagegen wird man sich der Annahme nicht verschliessen können, dass, wenn in den einzelnen Fällen eine etwas eingehendere Untersuchung des Gehörs angestellt worden wäre, höchstwahrscheinlich hie und da doch eine Herabsetzung desselben oder eine Differenz des einen Ohres mit dem andern sich gefunden haben würde. Die in den Mittheilungen vorherrschende Unsicherheit wird nun noch augenscheinlicher, wenn man sich die Schwierigkeiten vergegenwärtigt, die einer genaueren Bestimmung des Grades einer Gehörsabnahme im Wege stehen. Abgesehen davon, dass die Kranken theilweise sicher sich zur Zeit der Untersuchung schon in einem vorgerückten Stadium ihres Leidens befanden, somnolent waren oder in Bezug auf ihre geistigen Fähigkeiten schon eine bedeutende Einbusse erlitten hatten, also eine genauere, unter Umständen gewiss sehr wichtige Auskunft selbst nicht mehr geben konnten (so handelt es sich z. B. in dem einen von Koerner angegebenen Bericht um ein entschieden geistesschwaches Individuum), dürfte vor Allem die Hauptschwierigkeit in der Eigenthümlichkeit des centralen Verlaufs des Acusticus zu suchen sein. Wie schon oben gezeigt wurde, machen es neuere Untersuchungen im höchsten Grade wahrscheinlich, dass der Acusticus jeder Seite mit dem Cortex beider Seiten in Verbindung steht. Wernicke spricht sich dahin aus, dass eine vollständige Kreuzung der Acusticusfasern für den Menschen noch nicht bewiesen sei, und bei einer Reihe von experimentellen Versuchen wurde auch nach einseitiger Läsion der

Rinde doppelseitige Stumpfheit des Gehörs bemerkt. Wenn nun aber bei einseitiger, auch schon recht umfangreicher Läsion des Schläfenlappens auf dem gekreuzten Ohre immer noch ein Theil der Hörfasern normal funktionirt, während auf dem gleichseitigen ebenfalls nur ein Theil ausser Thätigkeit gesetzt ist, so leuchtet ein, dass eine Herabsetzung des Gehörs auf beiden Ohren die Folge sein muss. Eine derartige Gehörsstörung kann aber wie begreiflich nicht so auffällig zu Tage treten, wie eine einseitige absolute Taubheit. Hierbei muss man sich noch vergegenwärtigen, dass unter solchen Verhältnissen der Kranke selbst weit weniger in der Lage ist, den Grund der Abschwächung seines Gehörsvermögens genauer zu beurtheilen, umsoweniger, als, wie W e r n i c k e betont, selbst eine bedeutende Herabsetzung desselben dem Pat. nicht zur Wahrnehmung zu gelangen pflegt. „Es gilt hier noch mehr wie bei Hemiopie die Regel, dass nach einer Gehörsstörung gesucht werden muss, um sie zu finden, dies wird aber am allerhäufigsten versäumt" (W e r n i c k e). Schliesslich ist hier noch daran zu denken, dass der Verlauf der Acusticusfasern vielleicht öfter, als man denkt, individuellen Schwankungen unterliegen könnte.

Als zweiter Umstand kommt in Betracht die Natur der Läsion selbst. In der grossen Mehrzahl der Fälle handelt es sich entweder um Erweichungsherde oder um Tumoren. Was die ersteren anbetrifft, so ist es bekannt, dass sie selten eine so ausgiebige Zerstörung des normalen Gewebes herbeiführen, dass dieses gänzlich ausser Funktion gesezt würde, vielmehr bleibt in vielen Fällen ein beträchtlicher Theil der Fasern und Ganglienzellen erhalten, so dass die Communication zwischen Rinde und peripheren Nerven keinen besonderen Schaden erleidet. In dem von mir beobachteten Fall fand sich zwar ein ausgedehnter Erweichungsheerd in der Umgebung des Tumors, die microscopische Untersuchung zeigte aber, dass die Nervensubstanz im Bereiche des Erweichungsprocesses durchaus nicht zu Grunde gegangen,

vielmehr ein beträchtlicher Theil der Ganglienzellen der
Rinde und der Markfaserung erhalten geblieben waren. Es
liegt kein Grund vor anzunehmen, dass wenigstens in einigen
Fällen von Erweichungsheerden dies sich nicht ebenso verhalten haben könnte. Aehnliches gilt von den Tumoren.
Bekannt ist, dass eis Hirntumor sich als ein zufälliger Befund zeigen kann, ohne im Leben irgendwelche Symptome
verursacht zu haben. Nach Wernicke, an dessen Ausführungen ich mich im Nachstehenden im Wesentlichen
halten werde, findet in vielen Fällen eine eigentliche Zerstörung der Nervensubstanz durch die Tumoren nicht statt,
sondern nur eine Verdrängung derselben, bedingt durch
das allmähliche Anwachsen der Neubildung. Ist das Wachs-
thum derselben aber ein langsames, so gewinnt das Gewebe
vermöge seiner ihm eigenen Nachgiebigkeit, Zeit, sich dem
veränderten Druck und Raumverhältnissen anzupassen. Hier-
von machen eine Ausnahme nur die Geschwülste, die sehr
rasch wachsen und in Folge des wechselnden Blutgehalts
bald anschwellen, bald wieder zusammenfallen oder diejenigen, die, wie die Carcinome die Tendenz haben, das um-
gebende Gewebe wirklich anzufressen und zu zerstören und
durch das Pathologische ihrer Structur zu ersetzen. In einem
solchen Falle begegnen wir dann den eigentlichen Ausfallserscheinungen, während im Uebrigen die meisten durch den
Tumor hervorgerufenen Symptome auf dessen Druckwirkung
zurückzuführen sein dürften. Solche Fernwirkungen oder
indirekten Heerdsymptome finden sich in fast allen Mittheilungen von Schläfenlappengeschwülsten und zwar entsprechend der Nachbarschaft meist von Seiten der Insel,
der motorischen Region, der Occipitalwindungen, des uteren
Scheitelläppchens, des Gyrus supramarginalis und angularis.
Abgesehen von der Paraphasie, dem direkten Heerdsymptom
der Insel, finden wir ausserdem in einer Reihe von Fällen
motorische Aphasie, aber meist nur leichteren Grades oder
angedeutet, entsprechend der grösseren Entfernung der untern

Stirnwindung vom Schläfenlappen. Ebenso erscheint das seitens der Centralwindung am häufigsten angeführte Heerdsymptom, die gekreuzte Hemiparese, sehr oft nur als leicht angedeutete oder schnell vorübergehende Lähmungserscheinung, also ohne Frage als Fernwirkung zu erklären. Weniger leicht dürfte das gänzliche Ausbleiben der direkten Heerdsymptome seitens des Schläfenlappens bei Abscessen zu erklären sein, da gerade bei diesen im Gegensatz zu denen bei andern Affektionen die ersteren fast regelmässig wirkliche Ausfallserscheinungen darstellen. Es erklärt sich dies daraus, dass es sich bei Abscessen immer um eine wirkliche Zerstörung, ein eitriges Einschmelzen des normalen Gewebes handelt, und lässt sich dann in einem solchen Fall nur annehmen, dass die Gehörsstörung übersehen wurde. Wernicke selbst berichtet von einem alten Schläfenlappenabscess, der allerdings Symptome von Seiten des Gehörs nicht verursacht hatte, bei dem aber weder der Gehörsapparat einer Untersuchung unterworfen, noch eine Gehörsprüfung überhaupt angestellt worden war. Bei vielen Abscessen sind ausserdem eitrige Mittelohrerkrankungen vorhanden, die, weil scrophulöser Natur, fast immer doppelseitig sind und dadurch die Bestimmung, inwieweit die vorhandene Gehörsstörung auf die corticale Läsion zurückzuführen ist, nicht erleichtern können.

In Berücksichtigung aller dieser Umstände wird man auf die Frage, ob die Fälle von Schläfenlappenläsionen ohne Gehörstörung sich gegen Munk's Lehre mit Erfolg verwerthen lassen, mit einem entschiedenen Nein antworten müssen. Denn einerseits ist in vielen Fällen die zur Bestimmung einer Gehörstörung wegen der damit verbundenen Schwierigkeiten unumgänglich nothwendige eingehende Untersuchung verabsäumt worden, andrerseits ist daraus, dass eine Heerderkrankung im Schläfenlappen wirklich einmal ohne jedes Symptom seitens des Gehörs verlaufen sollte, kein Schluss auf eine anderweitige Lokalisation desselben

in der Hirnrinde zu ziehen, da ja bei Tumoren wie bei Erweichungsheerden diese Symptome vollständig fehlen können.
Dagegen muss nun aber betont werden, dass die Beobachtungen, die für den Sitz der Hörsphäre im Schläfenlappen sprecheu, zum allergrössten Theil noch so viel Mangel-
haftes an sich haben, dass auch aus ihnen eine endgültige
Entscheidung der Frage noch nicht gezogen werden kann.
Hierzu wird es erst dann kommen, wenn die Casuistik durch
eine Reihe ähnlicher genauer Untersuchungen, wie die von
Wernicke und Friedländer veröffentlichten, bereichert
worden ist, und wenn vor allen Dingen bei jedem Hirntumor auch dem Verhalten des Acusticus eine grössere Aufmerksamkeit geschenkt wird, als es bisher geschehen ist.
Immerhin steht fest, dass wir der Lösung der Frage um ein
Erhebliches näher gerückt sind.

Tabellen.

Name des Autors.	Pathologisch - anatomischer Befund.	Heerdsymptome von Seiten des Schläfenlappens.
Westphal (Berliner klinische Wochenschr. 1884).	Fast vollständige Zerstörung des linken Schläfenlappens, auch ein Gliosarkom, mit Erweichung der vorhandenen Ueberreste der Rinde und der Inselwindungen.	Nur Ohrensausen, keine Worttaubheit, keine Herabsetzung des Gehörs.
Senator (Charitéannalen 1888).	Abscess im linken Schläfenlappen von über Wallnussgrösse bei einem hereditären Linkshänder.	Heftiges Ohrensausen, keine Worttaubheit, keine Gehörsstörung.
Russell (med. Tim. and. Gas.) Bernhardt, Hirngeschwülste	Grosses Sarkom des rechten Schläfenlappens mit Compression des Hinterhauptlappens.	Doppelseitige Taubheit. (Schwerhörigkeit ?)
Eiselsberg (deutsch. Archiv für klin. Med. XXXIV).	Ganzer rechter Schläfenlappen in einen Abscess verwandelt.	Nicht angegeben.
Wernicke u. Friedländer (Fortschritte der Medizin 1883).	Gummata in beiden Schläfenlappen mit Erweichung fast des ganzen linken Lob. temp., Durchbrechung des Stabkranzes des rechten Schläfenlappens mit Erweichung des untern Scheitellappens.	Doppelseitige Taubheit.
Leclerc (Rev. de méd. 1887).	Tumor im linken Schläfenlappen.	Ohne Hörstörung.
Bruce (Brain 1888).	Tumor im Mark des rechten Schläfenlappens.	Keine Gehörsstörung.

Sonstige allgemeine und Heerdsymptome.	Psychisches Verhalten.	Sonstige Bemerkungen.
Epileptische Anfälle, Kopfschmerzen, rechtsseitige Stauungspapille mit verminderter Sehschärfe, zuletzt Blindheit. Unsicherer Gang m. Fallen nach hinten, mässige motorische Schwäche d. rechtsseitigen Extremitäten, rechtsseit. Facialisparese.	Benommenheit und Schlafsucht.	Linkshänder.
Tonisch-klonische Krämpfe.		Myxosarkom des Beckens mit multiplen Leberabscessen.
Plötzlich eintretende rechtsseitige Hemiparese ohne epilept. Anfall. Neuritis optica duplex, Blindheit. Erbrechen, erschwertes Schlucken.	Verkehrtheit.	Gehörorgan gesund.
Heftige Schmerzen in der rechten Gesichtshälfte und Scheitelgegend, Schwellung der rechten Jochbeingegend. Rechtsseitiger, später auch linksseitig. Exophthalmus. Erbrechen, angedeutete rechtsseitige Hemiparese.		Insolation.
Epileptische Anfälle, mit Tremor u. Schüttelkrampf der linken Hand und des Armes einsetzend. Anscheinender apoplektischer Insult mit rechtsseitiger Hemiparese und Aphasie; später auch Parese des linken Armes, besonders die Fingerbewegungen beeinträchtigend.	Verwirrtheit. Patientin macht den Eindruck einer Geisteskranken.	Gummata der Leber. Erheblicher Milztumor leukaemischer Natur. Proctitis ulcerosa. Gehörapparat u. Felsenbeine beiderseits intakt.
Nur Erscheinungen von allgemeinem Hirndruck.		

Name des Autors.	Pathologisch-anatomischer Befund.	Heerdsymptome von Seiten des Schläfenlappens.
Petrina (Bernhardt, Hirngeschwülste).	Gliosarkom des rechten Schläfenlappens, auf Claustrum, Linsenkern, subst. perfor. antica übergreifend mit Compression des thalamus opticus.	Angaben fehlen.
Schiess-Gemuseus (Monatsbl. f. Augenheilkde. VIII 1870). Bernhardt, Hirngeschwülste.	Sarkom von der Spitze des rechten Schläfenlappens bis zur Grenze des Occipitallappens reichend.	Nicht angegeben.
Sander (Archiv für Psych. IV 1878).	Gliom im linken Schläfenlappen auf Stirn- u. Hinterhauptlappen übergreifend, mit dem linken Tractus und Nervus olfactorius zusammenhängend.	Subjective Geruchsempfindungen in der Aura. Gehör erhalten.
Wilson (the Lancet 1888) neurol. Centralblatt 1889.	Gumma von 1¼ Zoll Durchmesser im 2. und 3. Fünftel der rechten obern Schläfenwindung; Claustrum, tiefste Teile der vordern Centralwindung und der vordern Frontalwindung ebenfalls ergriffen.	Subjective Gehörsempfindungen. Ohrensausen. Hörvermögen ungetrübt.
Hatin.	Tumor im linken Schläfenlappen.	Gekreuzte Taubheit.
Gairdner (Brit. med. Journal 1877).	Spindelzellensarkom in der weissen Substanz d. linken Hemisphäre, im Bereiche der dritten Temporosphenoidalwindung.	Angaben fehlen.
Bramwell (Edinburger mediz. Journal 1878).	Grosses Sarkom umfassend hintere Hälfte der untern rechten Stirnwindung, untere Hälfte der vordern Centralwindung, Insel, obere und mittlere Schläfenwindung und gyrus supramarginalis.	Taubheit des rechten Ohres. Herabsetzung des Geruches.

Sonstige allgemeine und Heerdsymptome.	Psychisches Verhalten.	Sonstige Bemerkungen.
Linksseitige Parese mit Herabsetzung der Sensibilität der linken Körperhälfte. Deviation d. linken Auges nach aussen, Dilatation der linken Pupille, später auch der rechten. Blasenlähmung.	Stumpfes apathisches Verhalten.	
Kopfschmerz, Krämpfe, Schwäche der Beine, Ptosis links, Neuritis optica.	Amnesie.	
Heftiger Kopfschmerz. Rechtsseitige Parese Epilept. Anfälle ohne Convulsionen und Verziehung des Gesichtes nach links. Abnahme des Sehvermögens. Stumpfheit, Vergesslichkeit.		
Krampfanfälle einsetzend mit den Gehörshallucinationen, dabei Verziehung des Gesichtes nach links. Heftiger Kopfschmerz. Erbrechen. Stauungspapille.		Syphilis.
		Ungenau.
Stirnkopfschmerz. Keine Lähmungserscheinungen. Tod in einem epileptischen Anfall.	Grosse Unruhe. Spricht nicht.	
Kopfschmerz, Schwindel, doppelseitige Stauungspapille. Sehvermögen intakt. Geschmack desgl.		Keine Angaben über das Gehörorgan.

Name des Autors.	Pathologisch - anatomischer Befund.	Heardsymptome von Seiten des Schläfenlappens
Franks (Brit. med. Journal).	Cyste im linken Schläfenlappen.	Keine Gehörstörung.
Mills und **Bodamer** (journ. of. nerv. and. ment. disease).	Grosses, gefässreiches Gliom im Mark des rechten Schläfenlappens mit frischer Blutung in dasselbe.	Nicht genauer bestimmte Abnahme des Gehörs.
Hughlings-Jackson (the Lancet 1866).	Tumor zwischen der rechten obern Temporalwindung und thalamus opticus.	
Goodhart (the Lancet).	Tumor des rechten Schläfenlappens in der Mitte der obern Temporalwindung gegen die untern Partieen der Centralwindungen vordringend.	Weder Taubheit noch Worttaubheit.
Bianchi (la Psychiatria 1880).	Cyste, den grössten Theil der obern, mittlern und untern Schläfenwindung umfassend.	Weder Taubheit noch Worttaubheit.
Lutz (Bayer. ärztl. Intelligenzblatt). Bernhardt, Hirngeschwülste.	Abscess im linken Schläfen- und Stirnlappen. Von der linken Seite her, der sutur. coronoria entsprechend in den Abscess hineinragend, eine derbe Geschwulst.	Angaben fehlen.
Smith (Brit. med. Journal).	Glioma im rechten Schläfen- u. Parietallappen.	Angaben fehlen.
Levinge (Brit. med. Journal 1878).	Tumor, fast den ganzen linken Schläfenlappen einnehmend.	Keine Angaben.

Sonstige allgemeine und Heerdsymptome.	Psychisches Verhalten.	Sonstige Bemerkungen.
Epileptische Anfälle. Agraphie, Sprachstörung, allgemeine Hirnerscheinungen.		Ungenau.
Kopfschmerz, Hyperästhesie der rechten Schläfengegend, rechtsseitige Stauungspapille. Dilatatio pupill. dext. Parese der linken Extremitäten und des linken Facialis, Störung der Sprachartikulation nach einem Anfall von Benommenheit.		Früher bestand Ohrenleiden: Trauma.
Linksseitige epileptiforme Convulsionen einsetzend mit Gehörshallucinationen auf dem linken Ohr.		
Schmerz (spontan und auf Druck) der rechten Temporalgegend, Parese des linken Facialis u. Armes. Bein nicht paretisch. Epileptische Anfälle.		
Lähmung und Contractur der rechten Hand, Inspirationskrampf, klonische Zuckungen in den linken Extremitäten, Ptosis links, Kopfschmerz, Schwindelanfälle.	Stumpfheit, abwechselnd mit Erregungszuständen.	
Rechtsseitige Kopfschmerzen am os parietale, Convulsionen, Schwindel, Stauungspapille, linksseit. Lähmungserscheinungen.	Amnesie. Abnahme der psychischen Leistungsfähigkeit.	
Hemiparese rechts. Strabismus divergens dexter. Verlust des Sehvermögens. Taumeln beim Stehen.	Schwachsinn.	

Name des Autors.	Pathologisch - anatomischer Befund.	Heerdsymptome von Seiten des Schläfenlappens.
Hughlings-Jackson und Beevor (the Brit. med. Journal 1888).	Rundzellensarkom in der Spitze des Schläfenlappens auf den nucleus amygdal. übergreifend, die Rinde des gyrus hippocampi nicht berührend.	Anfälle einsetzend mit Geruchshallucinationen. Keine Anosmie.
Lasy Barritt (Brain 1885). Neurol. Centralblatt 1886.	Harte, wallnussgrosse Cyste mit verkalkten Wandungen in der Substanz des rechten Schläfenlappens.	Ohne Angaben.
Balzer (Gazett. med. de Paris 1884).	Graugelber Erweichungsheerd fest im ganzen gyrus temp. supr., oberer Rand des gyrus temp. med. nach hinten bis zum Lob. occipital., nach hinten oben bis zum lobus parietal. inf. untere linke Stirnwindung frei.	Angedeutete sensorische Aphasie.
Claus (Irrenfreund 1883).	Rother, von capillaren Blutungen durchsetzter Erweichungsheerd im link. Schläfenhinterhaupthirn, hauptsächlich den gyrus fusiformis umfassend. 1. und 2. T. frei, 3. zum geringen Theil ergriffen.	Ausgesprochene sensorische Aphasie. Keine Geruchsstörung. Keine Gehörsstörung.
Glym (Brit. med. Journal).	Erweichungsheerd im linken Schläfenlappen.	Sensorische Aphasie. Gehör intakt.
Horsley (phys. Soc. 1883).	Zertrümmerung des gyrus tempor. superior, des untern Drittels des central. ant. und des untern Theils des Lob. parietal., auf der rechten Seite durch apoplektischen Insult.	Taubheit links.

Sonstige allgemeine und Heerdsymptome.	Psychisches Verhalten.	Sonstige Bemerkungen.
Epileptische Anfälle, beginnend mit Tremor der Hände und Arme, mit Gesichtshallucinationen, unwillkürlichem Urinabgang.		Syphilis.
Rechtsseitig. Kopfschmerz in Scheitel- und Stirngegend, 4 Wochen vor dem Tode, partielle epileptische Anfälle ohne Bewusstseinsverlust, zuerst mit Zuckungen in den Nackenmuskeln (dabei Kinn nach links gestossen), dann in sämmtlichen Extremitäten.		Syphilis.
Schwindelanfälle, Anfall mit folgender rechtsseitig. Hemiparese, motorischer Aphasie, Agraphie, Glossoataxie.	Starke Amnesie, melancholische Verstimmung.	
Apoplektiformer Anfall mit leichter, vorübergehender rechtsseitiger Hemiparese. Paraphasie.	Amnesie, zunehmender Schwachsinn.	
Pupillendifferenz. Lähmung der Extensoren der rechten Hand.	Unruhe. Benommenheit.	
Parese des linken Mundfacialis. Klonische Zuckungen; wo? wird nicht gesagt.		Gehörorgan nicht untersucht.

Name des Autors.	Pathologisch - anatomischer Befund.	Heerdsymptome von Seiten des Schläfenlappens.
Körner (Berliner klinische Wochenschrift) aus Kussmauls Klinik 1885.	Grosser, erworbener Defekt im linken Schläfenlappen. Es fehlen die Spitze, der vordere Theil von der mittleren, die untern Partieen des vordern Theils der obern, die ganze untere Schläfenwindung.	Keine Taubheit oder Worttaubheit.
Korner ebenda.	Alter, grosser Defekt im rechten Schläfenlappen, fast die ganze untere Fläche umfassend. T. 3 ganz, T. 2 zum kleinen Theil, uncinat. u. occipito-temp. lat. ganz.	Nach der ärztlichen Untersuchung ohne Gehörsstörung, nach Behauptungen der Frau in letzter Zeit etwas schwerhörig.
Tamburini und **Riva.**	Einseitige Läsionen der obern Temporalmündung bei Paralyse.	Unilaterale Gehörshallucinationen auf dem gekreuzten Ohr.
Renvers.	Gelbe Erweichung der vordern Centralwindung, eines Theils der beiden untern Frontalwindungen, d. mittleren Schläfenwindung und der mittleren Hinterhauptlappenwindung infolge von Thrombose im Endaste der Art. foss. sylv. der rechten Seite.	Nach apoplektischem Insult linksseitige Taubheit.
Schiess-Gemuseus.	Erweichungsheerde in beiden Schläfenlappen.	Taubheit.
Kauffmann (Berliner klinische Wochenschrift) aus der Klinik von Kussmaul.	Infolge von Thrombose der rechten Art. foss. sylv. grosser Erweichungsheerd, umfassend den ganzen Schläfenlappen, unt. Theil d. hintern Centralwindung und des Lobulus parietal. inferior. Starke Erweichung der weichen Substanz bis in die Hinterlappen, Erweichung des corpus striatum und der capsula interna im hintern Schenkel.	Nach den Erscheinungen eines apoplektischen Insults Taubheit links.

Sonstige allgemeine und Heerdsymptome.	Psychisches Verhalten.	Sonstige Bemerkungen.
		Erysipelas. Furunkel des linken Gehörganges: Blutung des Darms nach perforirtem Duodenalgeschwür. Rechtshänder.
Kopfschmerz. Anfälle von Aphasie. Vorübergehende, linksseitige Parese.	Zunehmende geistige Schwäche.	Empyem. Vom Gehörorgan nichts mitgetheilt.
Lähmungsartige Schwäche der linken Extremitäten, linksseitige homonyme Hemianopsie und Hemiplegie.		Chronische Ohreiterung beiderseits.
		Ungenau. Gehörorgan nicht untersucht.
Linksseitige Hemiplegie, einschliesslich des Facialis.	.	Gehörorgan und Felsenbeine gesund.

Name des Autors.	Pathologisch - anatomischer Befund.	Heerdsymptome von Seiten des Schläfenlappens.
Luciani Sepilli (17 Fälle).	Erweichungsheerde im Schläfenlappen, darunter 14 Mal den linken, 3 Mal beide anbetreffend, niemals den rechten allein.	Stets mehr oder weniger ausgesprochene sensorische Aphasie, keine Schädigung des Gehörvermögens oder d. Geruches.
Landew Caster Gray (Journal of nervous and. mental disease 1886).	Erweichung des Marks im linken Schläfenlappen, ausgedehnte Periencephalitis und Capillarapoplexien in allen Windungen, der sylvischen Furche benachbart. Hauptsächlich ergriffen Rinde der linken obern und mittlern, der rechten obern Schläfenwindung.	Ohne Sprach- oder Gehörstörung.
Ormerod (Brit. med. Journal 1884).	Wallnussgrosses Sarkom aus der Gegend d. rechten mittleren und unteren Schläfenwindung.	Subjective Gehörsempfindungen. Taubheit.
Wernicke (Gehirnkrankheiten)	Grosser Abscess im Schläfenlappen.	Keine Gehörstörung angegeben. Gehör nicht untersucht.
Laquer (neurolog. Centralblatt 86).	Erweichung des vordern u. hintern Theils der obern Schläfenwindung links, in der Tiefe hängen die Heerde miteinander zusammen.	Schwerhörigkeit mit zunehmendem Alter. Ausgesprochene sensorische Aphasie.
Peipers (Schweigger) Berl. Dissertat. 1878.	Geschwulst im linken Schläfenlappen. Erweiterung der Ventrikel.	Ohrensausen.
Mariani.	Abscess im rechten Schläfenlappen.	Symptome fehlen.
Amidon (Journ. of. nerv. and. ment. disease 1884).	Erweichungsheerd im linken gyrus temporalis superior und gyrus angularis.	Seelentaubheit.

Sonstige allgemeine und Heerdsymptome.	Psychisches Verhalten.	Sonstige Bemerkungen.
Motorische Aphasie, Paraphasie, motorische u. Sensibilitätastörungen, Seelenblindheit, einmal Hemianopsie.	Psychische Schwäche, Amnesie.	
Apoplektiformer Anfall. Eklatanter Erinnerungsverlust für alle Vorgänge der neueren Zeit. Mehrere Krampfanfälle mit Delirien.		Rechtshänder.
Momentane Anfälle von Bewusstlosigkeit, allgem. Tremor. Krämpfe in der linken Körperhälfte.		Infolge eines früheren Ohrenleidens seit Jahren Abschwächung der Hörfähigkeit. Chronisches Ohrenleiden.
Anfälle ohne Bewusstseinsverlust mit nachfolgenden paralytischen und vasomotorischen, halbseitigen Symptomen. Seelenblindheit.	Apathisches, theilnahmloses Verhalten, sonst psychisch intakt.	Verkalkungen des Trommelfells.
Kopfschmerz, Schwindel, anfallsweise Bewusstlosigkeit, Schwäche in den untern Extremitäten. Verschlechterung des Sehens, Flimmern. Schwach reagirende, weite Pupillen. (Ohrensausen.) Neuroretinitis duplex.		
Seelenblindheit.		

Am Schlusse dieser Arbeit erfülle ich die angenehme Pflicht, Herrn Prof. Dr. O. Binswanger für das freundlichst zur Verfügung gestellte Material, sowie für die bereitwillige Unterstützung bei der Bearbeitung desselben meinen verbindlichsten Dank auszusprechen.

www.ingramcontent.com/pod-product-compliance
Lightning Source LLC
Chambersburg PA
CBHW022106210326
41519CB00056B/1527